Harmony and Coexistence with Nature

Nature Education Practices for Primary and Secondary School Students Based on the Giant Panda National Park and the Northeast Tiger and Leopard National Park

与自然和谐共生

基于大熊猫国家公园和东北虎豹国家公园中小学自然教育实践

生态环境部宣传教育中心 ◎ 主编

中国环境出版集团·北京

图书在版编目（CIP）数据

与自然和谐共生：基于大熊猫国家公园和东北虎豹国家公园中小学自然教育实践／生态环境部宣传教育中心主编. -- 北京：中国环境出版集团，2023.5
ISBN 978-7-5111-5503-0

Ⅰ.①与… Ⅱ.①生… Ⅲ.①自然科学—活动课程—教案（教育）—中小学 Ⅳ.①G633.72

中国国家版本馆CIP数据核字(2023)第075088号

出 版 人	武德凯
责任编辑	田　怡
装帧设计	光大印艺

出版发行　中国环境出版集团
（100062 北京市东城区广渠门内大街16号）
网　　址：http://www.cesp.com.cn
电子邮箱：bjgl@cesp.com.cn
联系电话：010-67112765（编辑管理部）
　　　　　010-67175507（第六分社）
发行热线：010-67125803，010-67113405（传真）

印　刷	玖龙（天津）印刷有限公司
经　销	各地新华书店
版　次	2023年5月第1版
印　次	2023年5月第1次印刷
开　本	787×1092　1/16
印　张	13.75
字　数	215千字
定　价	88.00元

【版权所有。未经许可，请勿翻印、转载，违者必究。】
如有缺页、破损、倒装等印装质量问题，请寄回本集团更换。

中国环境出版集团郑重承诺：
中国环境出版集团合作的印刷单位、材料单位均具有中国环境标志产品认证。

编 委 会

主　编　田成川

副主编　闫世东　曾红鹰　刘之杰　王鸿加　张陕宁

编　委　金玉婷　于现荣　王菁菁　张黎明　王岩飞　陈晓才
　　　　　王凤翔　程　瑞　张　圣　苗　青

顾　问　王　瑾　李友平　王碧霞

编写人员（按姓氏拼音排序）：

陈天宇　段莲茹　费　涛　付明霞　郭华兵　郭玮洁
郭玉荣　何　珲　韩红丹　胡瑞华　黄雅莉　焦林旺
李粹茜　李　刚　李　平　李　薇　刘国庆　刘景怡
孟　恺　毛　先　曲　丽　秦炜锐　宋玉君　孙　赫
史　晔　田春洋　田卉子　陶丹丹　唐华奎　王亚琼
王　勇　王　阅　吴佳月　吴松泽　吴智普　徐春梅
徐　舟　颜莹莹　余　吉　于　婕　杨　稀　张冬玲
张明霞　周　莹　庄焕彰

前言 PREFACE

党的二十大报告指出，中国式现代化是人与自然和谐共生的现代化，促进人与自然和谐共生是中国式现代化的本质要求，尊重自然、顺应自然、保护自然，是全面建设社会主义现代化国家的内在要求。坚持以习近平生态文明思想为指引，不断加强生态文明宣传教育工作，对提升公民生态文明意识，促进公众参与生态环境保护，推进人与自然和谐共生，推动绿色低碳发展，具有十分重要的作用。

国家公园是我国自然生态系统中最重要、自然景观最独特、自然遗产最精华、生物多样性最富集的部分，是我国自然保护地体系的重要组成部分，也是生态环境教育的重要场域。国家公园自然教育是生态环境教育中的重要组成部分。

2021年10月12日，国家主席习近平在《生物多样性公约》第十五次缔约方大会领导人峰会上宣布：中国正式设立三江源、大熊猫、东北虎豹、海南热带雨林、武夷山等第一批国家公园。为深入学习宣传贯彻习近平生态文明思想，进一步加强生物多样性保护，促进人与自然和谐共生，生态环境部宣传教育中心在陆金所控股旗下平安普惠融资担保有限公司、友成企业家乡村发展基金会、北京商道纵横信息科技有限责任公司的支持下，组织开展了"平安守护者行动"公益项目（第二期），针对大熊猫国家公园雅安管理分局、东北虎豹国家公园管理局及其分局的管理者和工作人员开展自然教育能力线上培训课程，指导当地工作人员和周边中小学教师开展国家公园自然教育活动，并开发实践案例。

本书汇集了基于大熊猫国家公园、东北虎豹国家公园的21个中小学生

与自然和谐共生
——基于大熊猫国家公园和东北虎豹国家公园中小学自然教育实践

自然体验活动案例，以科学原理和科学事实为基础，在保障科学性的同时，也重视图文并茂增强可读性，重视流程细化增强可操作性、可复制性。特别感谢参与本书编写的老师们，感谢王瑾老师、李友平老师、王碧霞老师的指导，以及东北虎豹国家公园管理局陈晓才处长、东北虎豹国家公园管理局珲春市局王凤翔局长、大熊猫国家公园雅安管理分局王岩飞副局长等所有合作伙伴的努力和支持。

希望本书的出版为从事自然教育工作的机构和个人开展自然教育活动和生态体验，促进社区协调发展和生物多样性保护等方面，给予启示和参考；为宣传推广国家公园生态环境保护工作，普及国家公园相关知识，并带动青少年和公众走进自然、保护环境，为共同建设人与自然和谐共生的美丽中国做出贡献。

作为"平安守护者行动"公益项目（第二期）的指导单位、本书组织编写单位，生态环境部宣传教育中心愿与社会各界一起，群策群力，凝聚共识，积极探索，推动生态环境保护领域的公众参与及信息传播，为形成人人关心、支持、参与生态环境保护的局面，持续改善生态环境、建设美丽中国营造良好社会氛围，为全球环境治理贡献力量。

田成川
生态环境部宣传教育中心主任
2023年5月

目录 CONTENTS

大熊猫国家公园小小巡护员 …………………………… 1

大熊猫主食竹监测——八月竹样方 …………………… 7

大自然的色彩认识与了解槭树 ………………………… 13

鸽子花——珙桐 ………………………………………… 19

大熊猫国家公园之古树寻踪 …………………………… 25

大熊猫国家公园之竹林探秘 …………………………… 41

鸟的世界 ………………………………………………… 56

寻找萌萌——大熊猫 …………………………………… 70

大熊猫的野化放归与栖息地保护 ……………………… 79

大熊猫栖息地之植物之美 ……………………………… 92

秋季体验课程——在自然里寻找秋天 ………………… 101

"与虎同行"虎豹栖息地巡护体验活动………………………114

"探访虎豹栖息地"自然课堂………………………………131

"森林寻宝"探秘森林生态系统体验活动……………………139

"远离禁区"人与动物和谐共存之行…………………………146

"赏梅花鹿"野生动物繁育基地体验活动……………………154

"与虎为伴"保护野生动物自然游戏活动……………………164

"秘境寻虎"虎文化自然教育活动……………………………176

"与虎同行"守护虎豹家园实践活动…………………………186

探秘虎豹公园——小红松大智慧……………………………199

"山海相约"——大马哈鱼自然教育活动洄游之旅体验行…205

大熊猫
国家公园小小巡护员

••• 付明霞　李　平　秦炜锐　刘景怡

一、活动简介

我国有70多万名巡护员，守护着野生动物170多万平方千米的栖息地，人均巡护范围超过2平方千米。巡护、监测野生动物，打击偷猎，管控火灾风险……这些都是他们的日常工作。巡护员们在巡护的过程中要随时记录沿途发现的野生动物及粪便，为科学监测和研究带回第一手资料。红外相机遍布整个大熊猫国家公园，巡护员们经常要到极其危险的环境中操作。除了定点安装外，同时还要定期去换电池、取卡，保证它们的正常使用。本活动将带领参与者深度体验巡护员一天的工作，通过样线巡护、识别野生动物痕迹、安装检查红外相机等体验活动，让参与者认识和了解大熊猫国家公园巡护员的日常工作，深入国家公园一般控制区探秘原始森林，近距离观察野生动植物，提升参与者的保护意识。

二、活动目标

意识—感知目标：使参与者认识巡护员的工作，对野外监测产生兴趣。

知识—认知目标：了解大熊猫的保护价值、生长环境、与大熊猫一起生活的其他物种。

态度—价值目标：正确认识人类与野生动植物的关系，野生动物的生存环境需要我们共同维护。

技能—方法目标：学会观察野生动物的足迹、粪便，并记录观察内容。

参与—行动目标：了解巡护员野外监测的常用工具，动手操作安装红外相机，向亲朋好友科普野外监测工作。

三、活动信息

适宜时间：全年。
适宜对象：5~9 年级学生。
活动时长：3 小时。
活动地点：大熊猫国家公园荥经片区泡草湾管护站羊叉岗。
人数限制：≤ 10 人。
活动形式：自然观察、自然体验。

四、活动资料清单

序号	名称	数量	用途	备注
1	自封袋	1 包	装捡拾的粪便；装采集的标本等	—
2	笔	10 支	填写表格	额外准备 5 支
3	大熊猫同域物种痕迹表	5 份	记录野生动物痕迹信息	额外准备 5 份
4	PE 手套	1 包	用于捡拾粪便和采集标本	—
5	直尺	5 个	测量粪便	—
6	游标卡尺	5 个	测量粪便直径、竹子直径	—
7	红外相机	2 个	安装讲解	—

五、内容步骤

（一）引出活动

介绍游戏规则

背景

播放红外相机拍摄到的野生动物视频集锦。

任务

让参与者思考如何拍到野生动物，用什么拍到它们。

目的

使学生认识红外相机是野外监测的重要装备，在野外红外相机就是我们的眼睛。

步骤

开场介绍从红外相机的展示（照片和视频）引入，引导学生思考这些野生动物的视频是怎么拍到的、用什么拍到的，巡护人员是怎么安装红外相机的，一般安装在哪儿。

讲解本次活动的内容、任务；宣读活动安全提示及注意事项。

（二）活动展开

环节一　认识并安装红外相机（50分钟）

任务

在发现动物痕迹的地方安装红外相机。

目的

团队协作完成任务。

步骤

（1）导师在已安装红外相机的监测点集中讲解红外相机的检查、安装，展示该点安装的红外相机拍摄到的动物。

（2）同学们亲自安装并调试红外相机，检查其是否可以正常拍摄。

认识红外相机

如何安装红外相机

大熊猫国家公园荥经县管护总站供

环节二 观察红外相机附近的环境，认识分解者（30分钟）

背景

安装红外相机的树木上有一些蘑菇，仔细观察沿途的朽木上也生长着很多蘑菇，它们为什么会长在这里呢？

任务

了解蘑菇的生长环境。

目的

使学生认识野外的菌类，并告知他们不能随意食用。

步骤

导师讲解沿途的菌类，说明菌类与植物的不同之处，告诉学生们不能随意食用野生菌类。

环节三　找找动物的痕迹（50分钟）

背景
体验巡护人员的日常工作。

任务
发现动物痕迹，在兽径安装红外相机。

目的
团队协作完成科研监测任务。

步骤
领队老师进行分组，各小组选出小队长负责协助老师管理同学，各小组在领队老师的带领下走完活动路线全程。沿线讲解植物、动物痕迹、动物粪便，遇到动物足迹时集中讲解脚印，并演示记录方法；遇到动物粪便时集中讲解，分发手套给同学们观察、感受（触摸、嗅闻），用直尺、游标卡尺测量和记录。

填写大熊猫同域物种痕迹表　　记录野生动物痕迹　　观察野生动物痕迹

大熊猫国家公园荥经县管护总站供

（三）分享总结（10分钟）

导师总结今天的课程，请2~3位同学分享活动体验感受。

六、效果评估

（1）思想收获：走完活动路线全程，锻炼学生的意志。

（2）通过对沿途动物痕迹、动物粪便的观察、记录情况，提高学生的分析、判断能力。

（3）通过对本地区动植物资源介绍，评估学生对家乡的自然生态资源的了解和掌握情况，从而增强学生的生态自豪感。

七、安全提示

（1）本次生态体验活动有人数限制，道路狭窄时应避免过度拥挤，避免发生安全事故。

（2）让参与者明白本次体验活动不是比赛，要遵守活动纪律，懂得相互分享。

（3）注意全程与参与者进行交流和互动。

八、背景资料

红外相机

红外相机被誉为"大自然的千里眼"，被布设于众多自然保护地。在青山绿水间"站岗"的它们为保护地的工作人员提供了宝贵的资料，也让我们与野生动物间实现了不被打扰的相逢。红外相机拍摄到的珍贵的影像资料，为珍稀野生动物保护工作提供了重要依据，也为自然保护区的生物多样性研究提供了科学支撑。

大熊猫主食竹监测
八月竹样方

••• 付明霞　李　平　秦炜锐　刘景怡

一、活动简介

为改善大熊猫栖息环境，逐步促进森林生态系统健康发展，增加区域物种多样性，科研人员通过在指定改造区域抚育阔叶树幼苗及人工种植冷杉、铁杉等针叶树和桦木类、槭树类等落叶阔叶树种，开展大熊猫受损栖息地修复工作。本活动将带领大家走进监测样地，通过触摸、观察、记录、动手实践，让活动参与者认识科研监测工作，了解大熊猫主食竹八月竹的植物特征、生长环境及大熊猫的食性，学会观察、监测和记录八月竹，培养参与者的科学兴趣。

二、活动目标

意识—感知目标：认识巡护员的工作，使参与者对科研监测产生兴趣。

知识—认知目标：了解八月竹的植物特征、生长环境。

态度—价值目标：正确认识人与野生动植物的关系，树立保护野生动植物及其栖息地的观念。

技能—方法目标：学会观察八月竹，对八月竹的生长情况进行监测和记录。

参与—行动目标：了解科研人员进行竹子科研监测的常用工具，动手操作竹子样方的制作，向亲朋好友科普大熊猫主食竹的科研监测工作。

三、活动信息

适宜时间：8—9月。
适宜对象：中学生及成年人。
活动时长：3小时。
活动地点：羊叉岗。
人数限制：≤10人。
活动形式：自然观察、自然体验。

四、活动资料清单

序号	名称	数量	用途
1	自封袋	1包	用于装文具及采集的植物
2	笔	12支	填写表格
3	大熊猫主食竹监测表	12份	记录表格
4	劳保手套	12双	操作工具，防竹刺
5	卷尺	3个	测量竹子高度
6	游标卡尺	3个	测量竹子基径
7	刀	3把	操作工具
8	1米长水管	若干（视参与人数而定）	用于做样方

五、内容步骤

（一）活动引入

 背景

到达已开展竹子样方监测的八月竹样地。

> **任务**
>
> 让活动参与者观察竹子的特征，看看面前的竹林里面有什么？
>
> **目的**
>
> 让活动参与者观察科研人员做的竹子样方，并动手完成竹子样方制作。
>
> **步骤**
>
> 开场介绍从大熊猫的食物竹子引入；讲解活动内容、活动任务；宣读活动安全提示及注意事项。

（二）活动展开

环节一　八月竹样方监测体验（50分钟）

> **背景**
>
> 活动参与者已经观察到了竹子样方的标识。
>
> **任务**
>
> 带领活动参与者动手完成样方监测。
>
> **目的**
>
> 了解大熊猫主食竹生长与更新情况，培养活动参与者的动手操作能力。
>
> **步骤**
>
> 领队老师进行分组，讲解直尺、游标卡尺的测量和记录方法。各小组选出小队长负责协助老师管理，各小组在领队老师的带领下进入八月竹监测样地。沿线讲解八月竹的特征，参与者观察、感受（触摸、嗅闻）八月竹；到达指定地点，分发劳保手套给参与者，在科研人员指导下做样方，用直尺、游标卡尺测量和记录。监测按照20米×20米的网格在八月竹样地设置固定样方，并在样方的四角和中心点设置2米×2米的小样方，进行竹子更新情况监测，测量指标主要涉及海拔、地形、生境类型以及小样方内新生笋数量、基径、笋高，一年生、两年生以及多年生八月竹数量、基径、竹高等。

与自然和谐共生
—— 基于大熊猫国家公园和东北虎豹国家公园中小学自然教育实践

竹子样方监测

砍样带

收集竹子样品

称量竹子

记录竹子生长状况

大熊猫国家公园荥经县管护总站供

环节二　八月竹新笋清株体验（30分钟）

任务

认识竹笋，动手清理竹笋。

目的

八月竹作为大熊猫的主食竹，影响着大熊猫的生存和繁衍。开展八月竹新笋清株体验，可以了解八月竹竹笋的生长环境、生长状况以及新笋的外形、结构等，通过实操让活动参与者加深对大熊猫主食竹的认识，使其有所收获。

 步骤

由领队老师带领到改造样地指定地点，各小组负责老师分发工具，由科研人员演示新笋清株，指导参与者完成。

活动参与者摘的嫩竹笋可以自行带回。

（三）分享总结（20 分钟）

2~3 位参与者分享活动体验感受。

六、效果评估

（1）思想收获：通过走完活动路线全程，锻炼参与者的意志。

（2）通过对八月竹的观察、记录，锻炼参与者的观察、分析、判断能力。

（3）通过参与者对八月竹的观察感受及监测体验，评估参与者对大熊猫国家公园科研监测工作的了解和认识程度，增加活动的趣味性，提高群众对保护工作的认识。

七、安全提示

（1）本次生态体验活动有人数限制，道路狭窄时应避免过度拥挤，避免发生安全事故。

（2）让参与者明白本次体验活动不是比赛，要遵守活动纪律，懂得相互分享。

（3）注意全程与参与者进行交流和互动。

八、背景资料

八月竹，四川特产，生于海拔 1 000~2 400 米山区。模式标本采自四川西部瓦山。竿基数节的节内均有刺瘤状气生根；节间圆筒形或近于四棱形，表面平滑，竿壁较厚；竿环平或微突起，箨环较高，初期有易脱落的褐色绒毛；竿每节分 3 枝，枝的节间在分枝之一侧有沟槽和纵脊。箨鞘短于节间，脱落性，厚纸质，背面光滑无毛，具紫黑色纵条纹，纵肋明显，边缘略具纤毛，箨舌平或略呈拱形隆起；箨片作锥状三角形，基部与鞘顶连接处略具关节。末级小枝具 1~3 叶；叶鞘革质，光滑，边缘生纤毛，鞘口继毛苍白色，长 3~5 毫米；叶舌低矮，高仅 1~1.5 毫米；叶片长圆披针形，长 18~20 厘米，宽 1.2~1.5 厘米，次脉 4~6 对。花枝可反复分枝，分枝顶端有叶或无叶，分枝常与假小穗混生于各节上，具叶小枝下部各节计有假小穗 1~3 枚。在荥经，当地人又称八月竹为"方竹""钉钉竹"。

八月竹

大自然的色彩
认识与了解槭树

••• 张冬玲　杨　稀　余　吉

一、活动简介

彩叶植物变色的原因主要是气候的变化引起了植物体叶内各种色素的比例变化，尤其是胡萝卜素和花青素的变化，使叶片呈现黄色或红色。活动地点为龙苍沟国家森林公园，常见的树种有槭树、花楸、水杉等。本活动通过带领学生体验生态步道，引导学生观察和记录，通过近距离地接触珍稀植物，培养其专注力和动手能力。通过活动让学生了解不同植物的生长特征，意识到古树名木保护的重要性。

二、活动目标

意识—感知目标：认识槭树或杉树，对植物产生喜爱的情感。

知识—认知目标：了解槭树的植物特征、生长环境、与其他物种之间的关系。

态度—价值目标：正确认识人与自然的关系，树立野生动植物保护意识。

技能—方法目标：学会自然观察以及自然笔记的记录方法。

参与—行动目标：拒绝在城市公园采摘红叶，向亲朋好友科普槭树的一生。

三、活动信息

适宜时间：10—11 月。

适宜对象：小学生。

活动时长：3.5 小时。

活动地点：龙苍沟国家森林公园天生桥生态体验步道。

人数限制：≤ 10 人。

活动形式：自然观察、自然体验。

四、活动资料清单

序号	名称	数量	用途	备注
1	自封袋	1 包	用来装采集的植物	—
2	自然笔记	10 本	用于记录	额外准备 5 本
3	铅笔	10 支	用于记录	额外准备 5 支
4	橡皮	10 个	用于记录	额外准备 5 个
5	水彩笔	10 盒	用于绘画	—

五、内容步骤

（一）活动引入

大自然的颜色引发的思考

背景

龙苍沟的层林尽染。

任务

让学生们观察叶子都有哪些颜色，这些叶子的形态都是什么样的。

> **目的**
>
> 使学生们认识龙苍沟的秋天,叶子都有哪些颜色。
>
> **步骤**
>
> (1)开场介绍从龙苍沟的彩林、红色的叶子的树种引入。
> (2)宣读活动安全提示及注意事项。

(二)活动展开

环节一 寻找叶子(60分钟)

> **任务**
>
> 让学生们收集不同形态的红叶。
>
> **目的**
>
> 后续让学生们展示和观察。
>
> **步骤**
>
> 领队老师进行分组,各小组选出小队长负责协助老师管理同学,各小组在领队老师带领下走完活动路线全程。在讲解点由植物老师集中讲解不同的"红叶"树种的科普知识,对比槭树、水杉、花楸的植物形态。
>
> 沿途让学生们收集地面上不同的红叶。到达天生桥的位置,给同学们观察瀑布的时间。
>
>
>
> 野外观察
> 大熊猫国家公园荥经县管护总站供

环节二　知识讲解（30 分钟）

背景

孩子们已经收集到了植物的叶子，并来到标志性景点前。

任务

集中讲解植物的知识和自然景观形成原因。

目的

让孩子们注意力集中，认真观察。

步骤

在集中点展示各自找回的叶子，植物老师讲解叶子的形态，给孩子们科普这些植物的知识；科普天生桥的形成原因；给孩子们拍照的时间。

环节三　自由观察并返回（60 分钟）

任务

引导孩子们自行观察，做自然笔记。

目的

让孩子们学会观察，找寻自己感兴趣的东西。

步骤

领队老师带领，按小组分发自然笔记和文具，按小组观察沿途的杉树、槭树；讲解其他植物（如红果树、杜鹃树等）知识。

小组总结

途中查看红外相机

活动留影纪念

大熊猫国家公园荥经县管护总站供

（三）分享总结（10分钟）

导师总结，分享本次活动的体验和感受。

六、效果评估

（1）思想收获：通过走完活动路线全程，锻炼学生的意志。

（2）通过评估学生对槭树的辨识能力及对植物的观察情况，提高学生的观察、分析、判断能力。

（3）通过学生对植物的分享，评估学生对家乡的自然生态资源的了解和掌握情况，从而增强学生的生态自豪感。

七、安全提示

（1）本次生态体验活动有人数限制，道路狭窄时应避免过度拥挤，避免发生安全事故。

（2）让参与者明白本次体验活动不是比赛，要遵守活动纪律，懂得相互分享。

（3）注意全程与参与者进行交流和互动。

八、背景资料

槭树是槭树科槭属树种的泛称，其中一些树种俗称为枫树。槭属植物中有很多是世界闻名的观赏树种。槭树的秋叶独树一帜，极具魅力。树姿优美，叶形秀丽，秋季树叶渐变为红色或黄色，还有青色、紫色，为著名的秋色叶树种，可作庇荫树、行道树或风景园林中的伴生树，与其他秋色叶树或常绿树配置，彼此衬托掩映，增加秋景色彩之美。

花楸，蔷薇科花楸属植物，俗称马加木（东北土名），别名：臭槐树、河楸、黄花楸。性喜湿润土壤，多沿着溪涧山谷的阴坡生长。常生于海拔

900~2 500米的山坡或山谷杂木林内。

　　水杉，裸子植物杉科。落叶乔木，小枝对生，下垂。叶线形，交互对生，假二列成羽状复叶状，长1~1.7厘米，下面两侧有4~8条气孔线。多生于山谷或山麓附近地势平缓、土层深厚、湿润或稍有积水的地方，耐寒性强，耐水湿能力强。

鸽子花
珙桐

••• 张冬玲　杨　稀　余　吉

一、活动简介

珙桐是 1 000 万年前新生代第三纪留下的孑遗植物。作为中国特有的树种，有"植物活化石""绿色大熊猫"之称，是国家一级重点保护野生植物，常被称为"鸽子花"。珙桐杂性同株，常由多枚雄花与 1 枚雌花或两性花组成球形头状花序，也就是我们看到的中间的球状花心；基部具 2~3 枚大型白色花瓣状苞片，苞片长圆形或倒卵状长圆形，这就是我们所认为的鸽子的翅膀部分。苞片初淡绿色，继变为乳白色，后变为棕黄色而脱落，因此观赏性十分高。本活动将带领参与者前往大片野生珙桐林，通过引导学生观察记录，认识珙桐的叶子和花，了解珙桐的保护价值、植物特征、生长环境、与其他物种之间的关系，正确树立自然保护意识。

二、活动目标

意识—感知目标：认识珙桐的叶子和花，使参与者对植物产生喜爱的情感。

知识—认知目标：了解珙桐的保护价值、植物特征、生长环境、与其他物种之间的关系。

态度—价值目标：正确认识人与自然的关系，培养正确的野生动植物保护意识。

技能—方法目标： 学会观察自然以及自然笔记的记录方法。
参与—行动目标： 拒绝砍伐珍贵名木古树，向亲朋好友科普珙桐。

三、活动信息

适宜时间： 5—6月。
适宜对象： 小学1~6年级学生。
活动时长： 2小时。
活动地点： 龙苍沟大石坝。
人数限制： ≤10人。
活动形式： 自然观察、自然体验。

四、活动资料清单

序号	名称	数量	用途	备注
1	自封袋	1包	用来装采集的植物	—
2	自然笔记	10本	用于记录	额外准备5本
3	铅笔	10支	用于记录	额外准备5支
4	橡皮	10个	用于记录	额外准备5个
5	水彩笔	10盒	用于绘画	—

五、内容步骤

（一）引出活动

寻找叶子（60分钟）

 背景

展示荥经县文创产品"鸽子花妹妹"，引出原型。

鸽子花
珙桐

任务
让学生们思考为什么珙桐被叫作鸽子花，观察其特征。

目的
使学生们认识到"鸽子花"的苞片跟叶子的关系。

步骤
开场介绍从荥经县的文创产品"鸽子花妹妹"引入，鸽子花是国家一级保护植物；讲解活动内容、活动任务；宣读活动安全提示及注意事项。

讲解珙桐植物特征

观察珙桐植物特征

讲解注意事项

大熊猫国家公园荥经县管护总站供

（二）活动展开

环节一 认识珙桐（50分钟）

任务
导师将已准备的叶子形态图片发给学生，让学生找到图示叶子。

目的
让学生了解叶子的形态特征。

步骤
领队老师进行分组，各小组选出小队长负责协助老师管理同学，各小组在领队老师带领下走完活动路线全程。沿线在每个讲解点由植物老师集中讲解珙桐的科普知识，按照叶子→苞片→花来讲解珙桐的植物形态。在春末夏初的花季，两枚长得像叶子一样的苞片飘飘欲飞，如优雅展翅的白鸽（有时候也有第三枚苞片）；苞片下是一个球形头状花序；翅膀（苞片）下保护着的"球形"才是真正的头状花序。珙桐是两性花与雄花同株，头状花序常由多枚雄花与一个雌花或两性花组成。雄蕊花药紫色，所以刚开没散粉时那个球球特别紫黑。珙桐美丽的苞片与叶子很像，所以它的叶子也很好看，呈宽卵形或圆形，先端骤尖，基部也是心形，边缘有粗锐齿，是一个大心形。

到达最后讲解的点位，根据准备的叶子形态教具图片，提出活动任务：找到3种形态的叶子后到达沙滩集中点。

分组活动　　　　　　　　　总结留影

大熊猫国家公园荥经县管护总站供

环节二　描绘植物的叶子（60分钟）

任务

让学生们在自然笔记上画出自己观察到的叶子的形态。

目的

观察植物的形态。

步骤

（1）集中学生，让大家展示各自找回的叶子，植物老师讲解叶子的形态，给学生科普这些植物的知识。

（2）各组领队老师带队，在沙滩上坐下，分发自然笔记，讲解自然笔记的要点。一份完整的自然笔记需有以下7个要素：时间、地点、天气、记录人、主题、文字和图画。分发文具，让学生描绘自己眼前的大自然。

（三）分享总结（20分钟）

导师对这堂课做总结，请2~3位学生分享自己的自然笔记记录的内容；拍合照。

六、效果评估

（1）思想收获：通过走完活动路线全程，锻炼学生的意志。

（2）通过评估学生对珙桐的辨识能力及对植物的观察情况，提高学生的观察、分析、判断能力。

（3）通过学生对植物资源的分享，评估学生对家乡的自然资源的了解和掌握情况，从而增强学生的生态自豪感。

七、安全提示

（1）因道路狭窄，故本次生态体验活动人数有最高限制，避免过度拥挤，发生安全事故。

（2）让参与者明白本次体验活动不是比赛，要遵守活动纪律，懂得相互分享。

（3）注意全程与参与者进行交流和互动。

八、背景资料

珙桐为落叶乔木，高可达25米。树皮深灰色或深褐色，常裂成不规则的薄片而脱落。幼枝圆柱形，冬芽锥形，具卵形鳞片，常呈覆瓦状排列。叶纸质，互生，无托叶，叶片阔卵形或近圆形，上面亮绿色，下面密被淡黄色或淡白色丝状粗毛，叶柄圆柱形，两性花与雄花同株，位于花序的顶端，雄花环绕于其周围，基部具纸质、矩圆状卵形或矩圆状倒卵形花瓣状的苞片，初淡绿色，继变为乳白色，雄花无花萼及花瓣，花丝纤细，无毛，花药椭圆形，紫色；子房的顶端具退化的花被及短小的雄蕊，花柱粗壮，果实为长卵圆形核果，果梗粗壮，圆柱形。珙桐4月开花，10月结果。

珙桐已被列为国家一级重点保护野生植物，为我国特有的单属植物，属孑遗植物，也是全世界著名的观赏植物。

珙桐

大熊猫国家公园之古树寻踪

●●● 吴智普

一、活动简介

大熊猫国家公园天全片区位于二郎山东麓，邛崃山脉南缘，处于华西雨屏中心及青衣江源头，属于亚热带地区，是全球 34 个生物多样性热点地区之一。该地区内植物物种丰富，国家重点保护野生植物有 21 种。本次活动通过游戏和任务卡的方式，让参与者认识大熊猫国家公园，在大熊猫国家公园天全片区内寻踪古树，了解古树的种类、古树与自然环境的关系、树龄鉴定方法，认识树叶的脉序、叶序及叶的形状，完成树胸径的测量实践。

二、活动目的

知识—认知目标：在自然体验的过程中，了解古树的种类、树龄的鉴定方法，树叶的脉序、叶序及叶的形状；学习一些与树有关的成语。

意识—感知目标：观察形态各异的树形和叶形，欣赏自然之美，感知大自然的无穷魅力，激发热爱大自然、保护大自然的热情。

态度—价值目标：培养孩子尊重自然以及自然里所有生物的意识、注重人与自然的连接。

技能—方法目标：学会一些观察自然的方法，提高孩子的观察、思考、表达和创作能力。锻炼参与者的团队协作能力，合作完成树的胸径测量。

参与—行动目标：在日常生活中亲近大自然，尊重大自然，品味大自然，保护大自然。

三、活动信息

适宜时间：春季、夏季、秋季。
适宜对象：小学 3~6 年级学生。
活动时长：1 天。
活动人数：15~20 人。
活动场所：喇叭河关门石至蓝水晶宾馆的步游道。
活动形式：自然观察、自然体验、自然游戏。

四、活动资料清单

序号	名称	数量	用途
1	珍稀动植物图片	1 张 / 人	认识珍稀动植物，在"初相识"活动中帮助队员自我介绍
2	大熊猫国家公园天全片区自然教育活动之古树寻踪任务单	1 张 / 组	用于"古树寻踪"活动
3	写字板	1 个 / 组	夹任务单，方便队员书写
4	胸径尺	1 个 / 组	测量树的胸径
5	铅笔或签字笔	1 支 / 人	填写任务单时记录用
6	小坐垫	1 个 / 人	队员在休息或坐着活动时使用
7	医疗急救包	1 个 / 组	发生意外情况时使用
8	剪刀	1 把	—
9	收集袋	2 个 / 人	收集树叶和其他东西
10	A3 白纸	10 张	创作作品

五、内容步骤

（一）初相识（20分钟）

环节一　介绍游戏规则

活动流程

§ 引导语：

在正式进行本次活动前，请大家相互了解，彼此认识熟悉，也便于后面活动的开展。除了熟悉一起参加活动的伙伴之外，也要介绍大熊猫国家公园的基本内容及主要工作、本次活动的流程和活动要求，同时介绍安全规则和注意事项。

任务

老师介绍游戏规则。

目的

帮助队员了解游戏规则。

步骤

介绍游戏规则。

（1）孩子们围成一个圈，发给每个队员一张动植物卡片。

（2）根据图片内容说出动植物卡片的一项特征，持有相符合的植物特征卡片的孩子进行自我介绍，自我介绍的内容可以是自己的名字、爱好、最喜欢的自然物是什么……并请大家向介绍的人问好：你好，××。

（3）所有孩子都进行自我介绍。

指导提示

（1）帮助孩子们认识卡片上的动植物：这些动植物有什么特征，在大自然中的关系和作用。

（2）让孩子们了解游戏规则，明确游戏活动应该如何进行。

环节二 进行游戏

◈ 活动流程

⬤ 背景

孩子们了解了游戏规则。

⬤ 任务

孩子们进行自我介绍。

⬤ 目的

孩子们认识彼此，了解卡片上的动植物名称、形态特征，以及这些动植物在大自然中的关系和作用。

◈ 指导提示

（1）让孩子们通过游戏认识伙伴，了解大熊猫国家公园内的动植物。

（2）老师介绍大熊猫国家公园的基本内容及主要工作，本次活动的流程和活动要求，安全规则和注意事项。

◈ 辅助教具和资料

动植物卡片。

环节三 活动小结

◈ 活动流程

⬤ 背景

孩子们完成了游戏。

⬤ 任务

老师引导孩子们思考和总结，让孩子们谈一谈对大熊猫国家公园的认识。

目的

消除孩子们之间的陌生感,熟悉身边的伙伴,对大熊猫国家公园有个初步认识。

步骤

（1）问题1：在这个游戏中,你记住了几个伙伴的名字?记住了几种动植物名称和它们的特征?

（2）问题2：说一说这些动植物在自然中的关系和作用。

（3）问题3：你认为大熊猫国家公园有哪些作用?其中的工作人员需要做哪些工作?

（4）问题4：在今天的活动中要注意哪些事项?

（二）国家公园花儿开（10分钟）

环节一 介绍游戏规则

活动流程

§ 引导语：

同学们,我们将通过一个游戏来了解国家公园,然后进行分组。

任务

老师介绍游戏规则。

目的

帮助队员了解游戏规则。

步骤

介绍游戏规则。

（1）孩子们围成一个圈,由孩子们说"国家公园花儿开,开几朵?",老师说"开3（或4、5）朵",孩子们按照数字3（或4、5）组队,如数字是3,便3人组队,以此类推,每组队员之间报名字、互相认识。

（2）将孩子们分成 5 组。

指导提示
让孩子们了解游戏的规则，明确游戏活动应该如何进行。

环节二　进行游戏

活动流程

背景

孩子们了解了游戏规则。

任务

孩子们完成游戏。

目的

孩子们再次熟悉彼此，并分成 5 个组。

指导提示
清理活动场地上的石头、树枝等，避开有青苔的地方。

环节三　活动小结

活动流程

背景

孩子们完成了游戏。

任务

老师引导孩子们思考和总结，并谈一谈感受和想法。

目的

通过游戏活动，孩子们再次熟悉彼此，并分成 5 个组。

> **步骤**

（1）问题1：你在刚才的游戏过程中，认识了几个伙伴？

（2）问题2：在组队的过程中是否出现了困难，你是怎样解决的？

（三）认识国家公园（20分钟）

环节一　介绍游戏规则

> **活动流程**
>
> §**引导语：**
>
> 到目前为止，我国有5个国家公园，分别是大熊猫国家公园（四川、陕西、甘肃）、东北虎豹国家公园（吉林、黑龙江）、三江源国家公园（青海）、武夷山国家公园（福建）、海南热带雨林国家公园（海南），下面通过一个游戏来记住这些国家公园的名字吧。
>
> **任务**
>
> 老师介绍游戏规则。
>
> **目的**
>
> 帮助孩子们了解游戏规则。
>
> **步骤**
>
> 介绍游戏规则。
>
> （1）孩子们根据分组围成5个圈，将5个组分别命名为大熊猫、东北虎豹、三江源、武夷山、海南热带雨林。
>
> （2）首先大熊猫组的成员跳，跳完喊下一组的名字，下一组接着跳，以此类推，看哪个组跳得又好又整齐，跳得不整齐的淘汰，淘汰的接受"惩罚"，如表演节目、下蹲、俯卧撑等。

与自然和谐共生
——基于大熊猫国家公园和东北虎豹国家公园中小学自然教育实践

环节二 进行游戏

活动流程

背景

孩子们了解了游戏规则。

任务

孩子们完成游戏。

目的

孩子们认识我国的 5 个国家公园。

指导提示

询问孩子们是否可以剧烈运动，身体不适合剧烈运动的不参加这个活动。

环节三 活动小结

活动流程

背景

孩子们完成了游戏。

任务

老师引导孩子们思考和总结，谈一谈感受和想法。

目的

通过游戏活动，孩子们认识团队协作的重要性。

步骤

（1）问题1：请谈一谈参加这个游戏的感受，你有什么收获？

（2）问题2：你所在的组为什么被淘汰或者为什么能够坚持到最后？团队协作有哪些重要因素？

（四）古树寻踪（60分钟）

环节一　介绍活动规则

活动流程

§ 引导语：

大熊猫国家公园天全片区雨量充足，气候条件好，生境类型多样，有森林、灌丛、草甸、湿地、荒漠、洞穴等。森林里有很多树爷爷，它们的年龄都很大，下面我们就沿着这条道去寻找它们的踪迹。

任务

老师介绍活动的规则和注意事项。

目的

帮助孩子们学习了解活动规则和活动的注意事项。

步骤

（1）以小组为单位，每组分发一张任务卡。

（2）介绍注意事项，不能打闹、不能去河边戏水、不能进入林子深处等，用胸径尺时注意不要划伤手。

（3）介绍树的胸径测量方法。

环节二　活动开展

活动流程

背景

孩子们了解了活动规则。

任务

每组完成"大熊猫国家公园天全片区自然教育活动之古树寻踪任务表"，收集不同形态的树叶15~20片。

与自然和谐共生
——基于大熊猫国家公园和东北虎豹国家公园中小学自然教育实践

目的

孩子们在寻找古树的过程中，观察古树的形态、树叶的不同形态，以及古树上的其他生物，掌握测量树胸径的方法，体验大自然的神奇之美。

指导提示

（1）在主讲老师的带领下，沿着步游道探索，寻找古树，观察古树形态、古树上的其他生物，用胸径尺测量树的胸径，并完成任务表格。

（2）发现古树后，引导孩子们去抱抱古树，看几个孩子能环抱住这些古树；摸摸树皮，感受树皮的质感；闻闻树皮和树叶的气味，孩子们互相分享自己的体验。

（3）在一些特定事物前面，给孩子们讲解有关知识和背景事件。重点讲解事物有：珙桐、红豆杉、连香树、漆树与槭树、共生与互生、动物的脚印等。

（4）其他老师注意引导孩子们去观察、指导如何测量树的胸径。

辅助教具和资料

古树寻踪任务表、笔、收集袋，胸径尺。

环节三　活动总结

活动流程

背景
孩子们完成了活动。

任务
老师引导孩子们思考和总结，谈一谈感受和想法。

目的
通过活动，孩子们认识古树，体验了探索大自然的神秘感，掌握与树有关的成语以及意境。

> **步骤**
>
> （1）问题1：分享一下你是怎样寻找任务表上的内容的，这些事物里面有哪些让你感受最特别。
>
> （2）问题2：想一想为什么古树长得那么大呢？

（五）叶子大王（20分钟）

> **环节一　介绍游戏规则**
>
> **活动流程**
>
> §引导语：
>
> 　　在刚刚古树寻踪的过程中，我们捡到了许多自己喜欢的树叶，这些树叶形状各异，颜色多样，现在让我们一起来分享一下吧。
>
> **任务**
>
> 老师介绍游戏规则。
>
> **目的**
>
> 帮助孩子们了解游戏规则。
>
> **步骤**
>
> 介绍游戏规则。
>
> （1）根据队伍的人数，确定每个队员准备的树叶数量与人数一致。
>
> （2）队员面对面站成两排，由队首的一个队员说出一个比较的标准，队员从自己收集的叶子中拿出一片与对面的队员进行比较，赢的一方获得对方的树叶，排队的位置每次进行轮换，每个孩子都有一次制定比较标准的机会，最后看谁的树叶多。

环节二 进行游戏

活动流程

背景

孩子们了解了游戏规则。

任务

孩子们完成游戏。

目的

孩子们思考在比赛中怎样制定标准才能体现自己收集的叶子的优势。

指导提示

让孩子根据自己收集的叶子的特征，制定比赛规则。

活动现场

天全管护总站供

环节三 活动小结

活动流程

背景

孩子们完成了游戏。

任务

老师引导孩子们思考和总结，谈一谈感受和想法。

目的

通过游戏活动，孩子们认识叶子多样性的重要性。

步骤

（1）问题1：请孩子们谈一谈参与活动的体会。

（2）问题2：思考制定标准的作用，再延展想一想我们掌握技能多样性与生活的关系。

六、效果评估

（1）了解国家公园，掌握自然观察的方法和树的胸径测量方法。

（2）学习一些有关树的成语，领会成语的意境。

（3）在寓教于乐的过程中激发孩子们的探索精神和学习兴趣，并让孩子们树立保护大自然的意识。

七、安全提示

（1）步道两边没有护栏，活动时注意安全；旁边有条小河，孩子们不能去戏水。

（2）活动中有跳和跑，不适合剧烈运动的队员要谨慎参与，提前告知老师。

(3)测量树的胸径用的工具是卷尺,提醒队员注意不要划伤手。

(4)活动中要服从老师的安排,不能随意离开队伍自由活动。

八、背景资料

国家公园是指国家为了保护一个或多个典型生态系统的完整性,为生态旅游、科学研究和环境教育提供场所而划定的需要特殊保护、管理和利用的自然区域。世界上最早的国家公园为1872年美国建立的黄石国家公园。

大熊猫国家公园位于我国西部地区,由四川省岷山片区、四川省邛崃山—大相岭片区、陕西省秦岭片区、甘肃省白水江片区组成,规划面积为27 134平方千米。

大熊猫国家公园天全片区的基本情况:地理位置介于东经102°16′~102°46′,北纬29°49′~30°21′,总面积161 700公顷。主要保护对象为大熊猫、牛羚、金丝猴等国家珍稀野生动物及其栖息地森林生态系统。区内有大型真菌5纲9目26科55属78种,苔藓植物49科87属136种,蕨类植物37科75属237种,裸子植物9科18属39种,被子植物142科737属2 404种。在这些植物中,国家重点保护野生植物有14科19属21种,其中一级保护植物有珙桐、红豆杉、独叶草等7种;二级保护植物有红花绿绒蒿、杜仲、巴山榧树、连香树等14种。此外,试点区还有我国特有属植物37属284种。丰富的植物和生境多样性孕育了丰富的动物多样性。有脊椎动物共340种,其中兽类8目23科84种,鸟类14目41科205种,爬行类1目9科18种,两栖类2目8科22种,鱼类3目4科11种;其中国家一级重点保护野生动物有10种,二级重点保护野生动物27种。野外调查发现,牛羚、水鹿、林麝、中华鬣羚、中华斑羚等有着较大的种群数量。

树龄的鉴定方法:确定树龄的最专业方法是C-14交叉定位法。用长锥把古树的木芯钻取出来,再依据木芯上的年轮数目来推断古树树龄。但因很多古树已成空心树,所以无法用数年轮方式找出它们的年龄。通过查阅地方志和其他历史文献资料,以获得相关书面证据,继而推测出古树年龄。

胸径:又称干径,指乔木主干离地表面胸高处的直径。我国和大多数国家胸高位置定为地面以上 1.3 米高处。

　　叶形就是叶子的形状，也就是叶片的轮廓。叶形也是植物分类的重要根据之一。不同的植物，叶形的变化很大。常见的叶形有针形、披针形、倒披针形、条形、圆形、矩圆形、椭圆形、卵形、倒卵形、扇形、镰形、心形、倒心形、肾形、提琴形、盾形等。通常每种植物具有一定形状的叶。但是有些植物，同一株植株上具有不同叶形的叶，称为异形叶性。异形叶性的出现有两个原因：一是由于枝的老幼不同而发生叶形各异；二是由于外界环境的影响。

　　叶脉分布在叶肉组织中，起输导和支持作用。叶脉的排列方式称为脉序，主要有三类，即网状脉、平行脉、叉状脉。

　　叶序是指叶在茎上排列的方式，植物体通过一定的叶序，使叶均匀地、适合地排列，充分地接受阳光，有利于光合作用的进行。类型有互生、簇生、轮生、对生等。

大熊猫国家公园天全片区自然教育活动之古树寻踪任务表

姓名：_____

时间：_____ 地点：_____ 天气：_____

1.寻找古树

序号	物种名称	数量		胸径（胸围）	特征
		画"正"	小计（棵）		

2.根据古树上的标牌，按照由大到小的顺序填写树的分类等级

（　　　）—（　　　）—（　　　）

3.寻找不同的叶子

（1）单叶—阔叶　（2）单叶—针叶　（3）掌状复叶　（4）奇数羽状复叶　（5）偶数羽状复叶

4.在单叶中寻找——叶序

（1）二列状互生　（2）二列状对生　（3）交互互生　（4）交互对生　（5）轮生　（6）成束簇生

5.寻找树成语的场景：绿树成荫　树大根深　连根共树　玉树琼枝　枯树生花

6.写出一句描写树的诗词：_____

大熊猫国家公园之竹林探秘

●●● 吴智普

一、活动简介

大熊猫的饮食习惯是其最为奇特和有趣的习性之一，因为它最喜欢的食物是竹子，竹子占全年食物量的99%。我国人民历来也喜欢竹子，是世界上研究、培育和利用竹子最早的国家。本次活动通过游戏和任务卡的方式，让参与者认识大熊猫国家公园，在大熊猫国家公园天全片区内探秘竹林，认识大熊猫可食竹，了解竹子的生长周期，探索竹林里的奥秘。

二、活动目的

知识—认知目标：在自然体验的过程中，认识大熊猫可食竹，了解竹子的生长周期。学习一些与竹有关的成语和古诗词。

意识—感知目标：欣赏竹子四季常青、姿态优美、独具韵味、情趣盎然之美，竹杆挺拔秀丽、叶潇洒多姿、形千奇百态，领会竹子高风亮节、不畏艰辛、宁折不屈的品格。

态度—价值目标：培养学生不畏艰辛、努力向上的精神，拥有坦诚无私、朴实无华的品质。

技能—方法目标：学会一些自然观察的方法，提高学生的观察、思考、表达和创作能力，锻炼参与者的团队协作能力。

参与—行动目标：在日常生活中遇到困难时，要想到竹子不畏逆境，不畏艰辛的品质，迎难而上，积极想办法解决问题。

三、活动信息

适宜时间：四季皆宜。

适宜对象：小学 3~6 年级学生。

活动时长：半天。

活动人数：15~20 人。

活动场所：喇叭河人与自然和谐示范中心至取水口。

活动形式：自然观察、自然体验、自然游戏、自然艺术。

四、活动资料清单

序号	名称	数量	用途
1	写字板	1 个 / 组	夹任务单，方便队员书写
2	铅笔或签字笔	1 支 / 人	填写任务单时用
3	5 种大熊猫可食竹图片	1 张 / 组	用于"找朋友"活动，让队员认识大熊猫的可食竹
4	实生苗、竹笋、新竹、竹花、竹种图片	1 套 / 组	用于"竹的一生"活动，让队员了解竹子的生长周期
5	大熊猫国家公园天全片区自然教育活动之竹林探秘任务单	1 张 / 组	用于"竹林探秘"活动
6	小坐垫	1 个 / 人	队员在休息或坐着活动时使用
7	医疗急救包	1 个 / 组	发生意外情况时使用
8	剪刀	1 把	—
9	食品塑封袋	2 个 / 人	收集竹林里发现的有趣事物
10	A3 白纸	10 张	创作作品

五、内容步骤

（一）认识我（20分钟）

环节一　介绍游戏规则

活动流程

§ 引导语：

在正式进行本次活动前，让大家相互了解，彼此认识熟悉，也便于后面活动的开展。除了熟悉一起参加活动的伙伴之外，也要介绍大熊猫国家公园天全片区的基本情况和主要工作。

任务

老师介绍游戏规则。

目的

帮助孩子们了解游戏规则。

步骤

介绍游戏规则。

（1）请大家围成一个圈。

（2）游戏规则：如果你想认识谁，就请把沙包丢给他/她，接到沙包的队员就要负责进行自我介绍，自我介绍的内容可以是自己叫什么名字，自己的爱好是什么，自己最喜欢什么……并请大家向介绍的人问好。

指导提示

让孩子们了解游戏规则，明确游戏应该如何进行。

环节二　进行游戏

活动流程

背景

孩子们了解了游戏规则。

任务

孩子们进行自我介绍。

目的

孩子们认识彼此，熟悉伙伴。

指导提示

（1）让孩子们通过游戏认识伙伴。

（2）了解本次活动的流程和活动要求，安全规则和注意事项。

辅助教具和资料

沙包。

环节三　活动小结

活动流程

背景

孩子们完成了游戏。

任务

老师引导孩子们进行思考和总结，让孩子们谈一谈对大熊猫国家公园的认识。

目的

消除孩子们之间的陌生感，熟悉身边的伙伴。

> **步骤**
>
> （1）问题1：在这个游戏中，你记住了几个伙伴的名字？
>
> （2）问题2：从最后介绍的人依次倒序将沙包传递给第一个介绍的人，看大家有没有记住将沙包传给你的人是谁和你要传的人是谁。

（二）找朋友（20分钟）

环节一　介绍游戏规则

活动流程

§ 引导语：

我们场地周围有许多竹林，竹林中的竹子都是大熊猫最喜欢的食物。大熊猫国家公园天全片区内有5种大熊猫喜欢吃的竹子，每种竹子的形态都不同，今天我们就来观察不同竹子，并且来寻找我们的小伙伴。

任务

老师介绍游戏规则。

目的

帮助孩子们了解游戏规则。

步骤

介绍游戏规则。

（1）准备5种大熊猫可食竹图片，用剪刀剪成15份（根据队员的数量确定份数）。

（2）分发剪碎的图片，学员进行拼接，复原完整的可食竹图片，组成团队。

（3）团队通过观察拼接的图片，观察竹子的形态，并写出一个或多个有关竹的成语或诗句。

与自然和谐共生
——基于大熊猫国家公园和东北虎豹国家公园中小学自然教育实践

> **指导提示**
> 让孩子们了解游戏的规则，明确游戏应该如何进行。

环节二 进行游戏

活动流程

背景
孩子们了解了游戏规则。

任务
孩子们完成游戏。

目的
孩子们再次熟悉彼此，并分成5个组，了解大熊猫国家公园天全片区内大熊猫可食竹的形态及名称。

指导提示
（1）让孩子们仔细观察大熊猫可食竹的形态，并写出一个或多个有关竹的成语或诗句。
（2）观察不同小组竹图片的特点，并进行对比。

辅助教具和资料
剪刀、大熊猫可食竹图片。

环节三 活动小结

活动流程

背景
孩子们完成了游戏。

🔗 任务

老师引导孩子们思考和总结，谈一谈感受和想法。

🔗 目的

通过游戏活动，孩子们再次熟悉了彼此，并分成了5个组，学习了有关竹的成语和诗句。

🔗 步骤

（1）问题1：请分享你在认识朋友过程中发生的有趣的事情。
（2）问题2：请大家分享仔细观察不同竹图片后的感受。

（三）竹的一生（20分钟）

环节一　介绍游戏规则

➤ 活动流程

§ 引导语：

竹子可以通过竹种繁殖，竹种萌发出来的竹苗有个形象的名字，叫实生苗。竹子还可以进行无性繁殖（也称为营养生殖），每年地下的竹鞭会长出笋，然后发育成新竹。今天我们通过玩游戏来认识竹子的生长过程。

🔗 任务

老师介绍游戏规则。

🔗 目的

帮助孩子们了解游戏规则。

🔗 步骤

介绍游戏规则。
将实生苗、竹笋、新竹、竹花、竹种的图片打乱放置，每组依次派队员去翻图片，翻到实生苗放在第一位，翻到其他的图片则图片不动，队员返回，由下一位队员接着跑过去翻，直到所有图片按照实生苗、竹笋、新竹、竹花、竹种的顺序排列，每组计时，耗时最短的获胜。

环节二　进行游戏

活动流程

背景

孩子们了解了游戏规则。

任务

孩子们完成游戏。

目的

孩子们认识竹子的生长周期。

指导提示

询问队员是否适合剧烈运动，如身体状况不适合剧烈运动，请勿参加此次活动。

辅助教具和资料

5套实生苗、竹笋、新竹、竹花、竹种的图片。

环节三　活动小结

活动流程

背景

孩子们完成了游戏。

任务

老师引导孩子们思考和总结，谈一谈感受和想法。

目的

通过游戏活动，孩子们认识团队协作的重要性。

步骤

（1）问题1：每组分享玩游戏的策略以及游戏感受。

（2）问题2：老师讲解大熊猫为什么吃竹子，喜欢吃竹子的哪个部位，竹子开花对大熊猫的影响。

（四）竹林探秘（60分钟）

环节一 介绍活动规则

活动流程

§ 引导语：

竹林里有很多特别的事物，我们需要仔细观察，认真看，认真找，会有惊喜等着你，走吧，让我们带着好奇心去竹林里探索秘密吧。

任务

老师介绍活动的规则和注意事项。

目的

帮助学习了解活动规则和活动的注意事项。

步骤

（1）以小组为单位，每组分发一张任务卡。

（2）介绍注意事项，不能打闹、不能去河边戏水、不能进入林子深处等。

（3）如有兴趣可以采集一支竹枝带回家里制作书签。

环节二 活动开展

活动流程

背景

孩子们了解了活动规则。

任务

每组完成"大熊猫国家公园天全片区自然教育活动之竹林探秘任务表",收集一些发现的事物。

目的

孩子们在竹林探秘的过程中,仔细观察探索竹子上有哪些东西,周围还有哪些生物与它们一起生活,识别路上的植物和动物留下的痕迹。

指导提示

(1)老师引出本环节内容,请队员去竹林里探秘,引导孩子们观察竹子的生长方式,是散生还是簇生(老师讲解散生与簇生的知识),数一数每平方米内有多少株竹子;观察新老竹子的区别,摸摸竹叶,闻闻竹叶的味道;观察竹叶的脉络,引导孩子们思考叶的脉络都有哪些形状?与竹子脉络一样的植物有哪些?

(2)观察竹子上的昆虫、苔藓等,竹叶是否被其他生物吃过,竹林中还有哪些植物和动物。

(3)收集一些发现的事物,老师注意讲解收集方式及要点。

竹林探秘活动现场

天全管护总站供

辅助教具和资料

竹林探秘任务表、笔、收集袋。

环节三 活动总结

活动流程

背景

孩子们完成了活动。

任务

老师引导孩子们思考和总结，谈一谈感受和想法。

目的

通过活动，孩子们认识竹子的生长环境以及共生的其他生物，体验了探索大自然的神秘感，学习了一首古诗。

步骤

（1）问题1：仔细探索竹林中的生物，描绘自己喜欢的植物样貌或有趣的动物痕迹。

（2）问题2：用收集到的事物创作一幅画或一个景观，激发队员的想象力和创造力。

（3）问题3：分享一下穿行在竹林中是什么感觉？有什么不一样的体验？

六、效果评估

（1）掌握自然观察的方法，了解竹的生长周期，加深对竹的认识。

（2）学会一些竹的成语和诗句。

（3）在寓教于乐的过程中激发孩子的探索精神和学习兴趣，并形成保护大自然的意识，懂得保护生物多样性的重要意义。

与自然和谐共生
——基于大熊猫国家公园和东北虎豹国家公园中小学自然教育实践

七、安全提示

（1）道路崎岖不平，小心跌倒，行进过程中注意野生动物出没，注意避开有刺的植物。

（2）活动中有快速跑环节，不适合剧烈运动的队员要谨慎参与，提前告知老师。

（3）活动中要听从老师的安排，不能随意离队自由活动。

八、背景资料

大熊猫国家公园位于我国西部地区，由四川省岷山片区、四川省邛崃山—大相岭片区、陕西省秦岭片区、甘肃省白水江片区组成，规划面积为27 134平方千米。

大熊猫国家公园天全片区的基本情况：位于天全县西北部，地处二郎山东麓，邛崃山脉南缘。主要保护对象为大熊猫、牛羚、金丝猴等国家珍稀野生动物及其栖息地森林生态系统。在之前的活动中已经详细介绍过大熊猫国家公园天全片区内的动物、植物情况，下面我们着重介绍大熊猫和竹子的相关知识。

大熊猫为什么吃竹子？

大熊猫吃竹子其实与生活环境变化有关，在更新世中晚期秦岭及其以南山脉出现大面积冰川等自然环境剧烈变化的现象，特别是在距今约1万8千年前的第四纪冰期之后，留存在四川、甘肃一带的大熊猫只有逐渐改变食性才能生活下去，在长期适应环境的过程中大熊猫从食肉变为食竹，臼齿也变得特别宽大，适于磨碎竹子的纤维。大熊猫99%的食物是竹子。每天要花14个小时进食，吃掉大约12.5千克的竹叶和竹杆，但只能消化其中的17%左右。

竹子的生长经历主要有四个阶段，分别是出苗期、长叶期、开花结果期和枯死期。

（1）出苗期：先是通过根部发芽生长成竹笋，在竹子没有长出地面之前，都是通过竹笋的方式在生长。

（2）长叶期：然后经过一段时间后，到了春季，竹笋会出土，慢慢地外面的壳会脱掉，然后从中间抽出竹枝。此时竹杆细胞壁逐渐加厚，竹子内的营养含量逐渐减少，逐渐从湿润的内壁转变成干枯的根茎，竹子的硬度性质也从出生的稚嫩不断发育生长为坚硬，竹杆的生长处于长叶阶段。

（3）开花结果期：竹子开始拔节，短短几个月就能长到十几米的高度，但一般情况下，竹子只是会不断地升高，不会再变粗。竹杆的营养物质含量和生理活动强度处于生长最快状态，通常可以维持3~4个月。当竹子生长到了成熟时期，竹杆内的细胞活性及材质硬度都是最坚韧的状态，此后竹杆会逐渐老化，植株会有生长缓慢的趋势，相连的竹鞭也逐渐开始退化，慢慢出现失去植株发笋的能力。

（4）枯死期：开花结果后的竹子，生命力就会明显衰退，由于植株呼吸的消耗和物质的流失，竹杆的重量、硬度和营养物质含量都会有明显的降低。在竹子结完果实之后，就会迎来竹子的枯死期，此时竹叶慢慢枯萎变黄，竹杆开始落叶，不再长出新的叶片，一直到变得枯黄死亡。不过来年的时候新植株又会重新开始生长。

《竹 石》

[清]郑板桥

咬定青山不放松，
立根原在破岩中。
千磨万击还坚劲，
任尔东西南北风。

《竹石》是清代著名画家、书法家郑板桥的七言绝句。这首诗着力表现了竹子顽强而又执着的品质，是一首咏物诗，赞美岩竹的题画诗。"咬定"二字，把岩竹拟人化，传达出它的神韵；后两句进一步写岩竹的品格，它经过了无数次的磨难，长就了一身特别挺拔的姿态，从来不惧怕来自东西南北的狂风。郑板桥不但写咏竹诗美，而且画出的竹子也栩栩如生，他曾言："凡吾画兰画竹画石，用以慰天下之劳人，非以供天下之安享人也"。所以这首

与自然和谐共生
——基于大熊猫国家公园和东北虎豹国家公园中小学自然教育实践

诗表面上写竹,其实是写人,写作者自己那种正直倔强的性格,绝不向任何邪恶势力低头的高傲风骨。因此,这是一首托物言志的诗,托岩竹的坚韧顽强,言自己刚正不阿、正直不屈、铁骨铮铮的品质。同时,这首诗也能给我们以生命的感动,曲折恶劣的环境中,战胜困难,面对现实,像岩竹一样刚强勇敢,体现了爱国者的情怀。这首诗的语言简易明快,却又执着有力,生动地描述了竹子生在恶劣环境下,长在危难中,而又自由自在、坚定乐观的性格。竹子在破碎的岩石中扎根,经受风雪雨霜的击打,但它就是"咬定青山不放松"。一个"咬"字,写出了竹子的顽强。最后一句中的"任"字又写出了竹子无畏无惧、慷慨潇洒、积极乐观的精神面貌。

大熊猫国家公园天全片区自然教育活动之竹林探秘任务表

姓名：_____

时间：_____ 地点：_____ 天气：_____

1. 猜个谜语

青青翠翠杆挺拔，文人墨客最钟情，一生只开一次花。

（打一植物）_____

2. 古诗赏析

竹 石

[清]郑板桥

咬定青山不放松，立根原在破岩中。

千磨万击还坚劲，任尔东西南北风。

3. 探秘竹林

竹笋	竹箨（笋壳）	竹鞭	竹花
竹秆	竹枝	竹叶	竹果

4. 自然探索：竹的朋友

	竹	

鸟的世界

••• 唐华奎

一、活动简介

鸟儿是人类的朋友,通过图片、视频、鸣叫声以及讨论、辩论等方式带领同学们认识身边常见的鸟类,激发孩子们探索鸟类世界的热情,增强爱护动物、亲近自然、了解自然、保护自然生态的意识。

二、活动目的

知识—认知目标:收集有关鸟的资料,认识鸟的共同特征,激发热爱大自然的情感。

意识—感知目标:通过亲身参与资料收集、种类辨别,了解鸟儿的生活环境。

态度—价值目标:培养学员的保护动物意识,从而更加努力学习关于动物保护方面的知识。

技能—方法目标:学习辨别鸟类的方法,了解鸟类的生活习性,培养参与者的发散性思维。

参与—行动目标:培养参与者有目的进行观察、比较,并用语言积极表达,感受鸟儿和人类的密切关系。

三、活动信息

适宜时间：全年。
适宜对象：7~16岁。
适用学科：生物、自然等。
活动时长：120分钟。
活动人数：男生10人，女生10人。
活动场所：慈郎湖湿地公园。
活动形式：自然体验、自然游戏、自然艺术。

四、活动资料清单

序号	名称	数量	用途
1	鸟儿图片	30张	辨别鸟类
2	铅笔	20支	记录
3	笔记本	20个	记录
4	记号笔	20支	记录
5	鸟鸣音乐	30段	辨别鸟类
6	鸟的本领图片	30张	认识鸟类

五、内容步骤

（一）破冰分组

环节一　介绍游戏规则

◉ 活动流程
§ 引导语：
同学们，在正式进行本次活动前，大家先相互了解，彼此认识熟悉，便于后面活动的开展。

与自然和谐共生
——基于大熊猫国家公园和东北虎豹国家公园中小学自然教育实践

任务
老师介绍游戏规则。

目的
帮助孩子们了解游戏规则。

步骤
介绍游戏规则。

让孩子们分成人数相等的几组。每组孩子手拉手排成一排,排头戴上小鸟头饰。游戏开始后,以排头为中心,孩子们一边向一个方向卷,一边念:"卷呀,卷呀,卷小鸟呀,卷成一个大团子!"孩子们一边转一边卷,团团相裹,团团相转,以卷得又快又好的一组为胜者。卷完小鸟后,教师说:"小鸟飞了",孩子们立刻跑散。游戏重新开始。

鸟的世界

天全管护总站供

指导提示
让孩子们了解游戏规则,明确游戏应该如何进行。

环节二　进行游戏

🧭 活动流程

🔗 背景

孩子们了解了游戏规则。

（1）老师准备好小鸟图片，以及标注小鸟名称的卡片。

（2）孩子们将小鸟图片与小鸟名称卡片一一组合对应。

（3）按照组合对应正确数量由少到多的顺序，孩子们进行自我介绍。

🔗 任务

孩子们进行自我介绍。

🔗 目的

孩子们了解彼此，了解需要观察的目标鸟种。

活动现场

天全管护总站供

> **指导提示**
> （1）让孩子们通过游戏认识伙伴。
> （2）老师介绍大熊猫国家公园的基本内容及主要工作，本次活动的流程和活动要求、安全规则和注意事项。

环节三 活动小结

活动流程

背景

孩子们完成了游戏。

任务

老师引导孩子们进行思考和总结，让孩子们谈一谈对大熊猫国家公园的认识。

目的

消除孩子们之间的陌生感，熟悉身边的伙伴，对大熊猫国家公园有个初步认识。

步骤

（1）问题1：在这个游戏中，你记住了几个伙伴的名字？
（2）问题2：你认为大熊猫国家公园中有哪些工作？
（3）问题3：你认为在活动中要注意哪些事项？

（二）认识鸟类，引导孩子们进入鸟的世界

环节一 介绍游戏规则

活动流程

§ 引导语：

同学们，我们将通过一个游戏来了解国家公园及生活中常见的鸟类。

任务
老师介绍游戏规则。

目的
帮助孩子们了解游戏规则。

步骤
介绍游戏规则。
（1）通过聆听鸟鸣，让孩子们识别是哪种鸟。
（2）通过老师介绍鸟类特征让孩子们识别鸟类。
（3）通过鸟类的外形特征来认识鸟类。

指导提示
让孩子们了解游戏的规则，明确游戏应该如何进行。

环节二 进行游戏

活动流程

背景
孩子们了解了游戏规则。

任务
孩子们完成游戏。

目的
孩子们通过外形认识鸟。

步骤
（1）聆听鸟鸣录音。
鸟的鸣叫声，就是鸟的语言。每种鸟类都有自己鸣叫与鸣唱的方式或类型，通常由鸣声来找寻配偶、建立家庭及保护家园。比如，布谷鸟的叫声清澈响亮，听着像"布谷布谷"，这也是它的名字由来，其实布谷鸟是杜鹃鸟。下面大家仔细聆听，听听鸟的优美叫声。

孩子们沿着湖边的步道边走边听，老师介绍鸣叫声是哪种鸟发出的，叫声有什么特点，孩子们在行进过程中要保持安静。最后老师再让孩子们猜谜语。

（2）通过描述识别鸟类。

①身穿黑长袍，尾巴像剪刀，爱在屋檐下，捉虫喂宝宝。（燕子）

②说它像鸡不是鸡，尾巴长长拖到地，张开尾巴像把扇，花花绿绿真美丽。（孔雀）

③有种鸟儿本领高，尖嘴会给树开刀，坏树皮全啄掉，勾出害虫一条条。（啄木鸟）

④远看像只猫，近看像只鸟，夜晚捉田鼠，白天睡大觉。（猫头鹰）

（3）通过图片识别鸟类。

①分组讨论：观察鸟的图片，说说鸟的外形特征。

②描述小鸟的样子：鸟儿有没有耳朵？是什么样子？几只眼睛？嘴巴是什么样子？尾巴是什么样子？

③集中交流：你们发现鸟类的外形有什么共同的特征吗？

老师小结：有羽毛、翅膀、会飞行……

指导提示

提前准备好鸟鸣录音、鸟类外形特征图片。

环节三　活动小结

活动流程

背景

孩子们完成了游戏。

任务

老师引导孩子们思考和总结，谈一谈感受和想法。

目的

通过游戏活动，孩子们再次熟悉了彼此，欣赏鸟鸣，激发孩子们观察、了解鸟的兴趣，认识鸟的外形特征及其对人类的益处。

步骤

（1）问题1：你最喜欢哪种鸟？为什么？

（2）问题2：你在生活中见到过哪些鸟类？

（三）启发提问

环节一　介绍游戏规则

活动流程

§ 引导语：

在刚刚的活动过程中，我们认识了很多鸟类，现在通过组织语言对认识的鸟类进行描述。

任务

老师介绍游戏规则。

目的

帮助孩子们了解游戏规则。

步骤

介绍游戏规则。

（1）根据组队的人数，确定每个队员手里的鸟类图片。

（2）一组队员根据鸟类图片进行描述，让另一组队员识别具体是哪种鸟类，依次循环进行。

环节二 进行游戏

◎ 活动流程

背景

孩子们了解了游戏规则。

任务

孩子们完成游戏。

目的

让孩子们进一步了解鸟类的特征。

环节三 活动小结

◎ 活动流程

背景

孩子们完成了游戏。

任务

老师引导孩子们思考和总结,谈一谈参与游戏的感受和想法。

目的

培养孩子们有目的地进行观察、比较,并用语言积极表达。

(四)鸟是人类的好朋友

环节一 介绍游戏规则

◎ 活动流程

§ 引导语:

鸟是人类的朋友,它对人类的生产和生活有很大的益处。有的鸟能为庄稼除害虫，有的能够为树木治病，有的能准确预测天气的变化，有着漂亮的羽毛和动听叫声的鸟儿还能给我们带来快乐……我们要保护它们，千万不要伤害它们。

任务

老师介绍游戏规则。

目的

帮助孩子们了解游戏规则。

步骤

介绍游戏规则。

（1）老师询问孩子们对鸟类的认识和兴趣。

（2）老师介绍鸟类作用，让孩子们猜猜这是哪种鸟类。

环节二　进行游戏

活动流程

背景

孩子们了解了游戏规则。

任务

孩子们完成游戏。

目的

感受鸟和人的密切关系，以及鸟儿在食物链中的重要作用，激发孩子们爱鸟的情感，知道要保护鸟类。

步骤

（1）孩子们讨论。

老师：你喜欢小鸟吗？为什么？

（2）介绍几种鸟的特征。

森林医生——啄木鸟

捕鼠能手——猫头鹰

学舌高手——鹦鹉

预测天气——燕子

环节三 活动小结

活动流程

背景

孩子们完成了游戏。

任务

老师引导孩子们思考和总结，谈一谈感受和想法。

目的

通过游戏活动，孩子们认识到鸟类对人类及大自然的作用。

六、效果评估

活动一开始带领孩子们欣赏鸟的声音、鸟的图片，各种各样的鸟深深吸引了孩子们，把他们带到了一个鸟的世界中。接下来，老师和孩子们共同谈论自己喜欢的鸟，为激发孩子们的学习兴趣，让他们分组探索，根据孩子们的讲述，灵活地出现他们讲到的鸟类图片，然后老师再进一步补充，丰富孩子们的知识。在孩子们对鸟的种类有大致了解后，带孩子们进入下一环节的学习，运用提问加深孩子们的印象，吸引他们的注意力。

自然教育仅靠集体活动是不够的，因此还要让孩子们在日常活动中继续探索鸟的世界，让这一活动延伸到日常活动中，让孩子们充分感受到科学活动的生活化，体验到探究和学习的内容对自己的生活的意义。

七、安全提示

（1）在游戏过程中应避免过度拥挤，避免出现安全事故。
（2）在游戏过程中应遵守公平的游戏规则。
（3）注意游戏前、游戏后组织学生进行思考和交流。

八、背景资料

根据资料记载天全县鸟类资源有鸟类18目、60科、327种，包括留鸟155种，夏候鸟77种，冬候鸟39种，旅鸟51种，迷鸟5种。其中，中国特有鸟类16种，国家一级、二级重点保护鸟类和省级重点保护鸟类43种。国家一级保护鸟类有黑鹳、中华秋沙鸭、胡兀鹫、金雕、白尾海雕、斑尾榛鸡、黄喉雉鹑、绿尾虹雉、黑颈鹤等；国家二级保护鸟类有红嘴相思鸟、画眉、角䴙䴘、白琵鹭、鸳鸯、黑冠鹃隼、雀鹰、凤头蜂鹰、普通鵟、血雉、红腹角雉、勺鸡、红腹锦鸡等。

九、活动资料

燕子，雀形目、燕科Ⅰ。该属鸟类体形小，体长13～18厘米；翅尖长，尾叉形，背羽大多辉蓝黑色，因此，古时把它叫作玄鸟；翅尖长善飞，嘴短弱，嘴裂宽，为典型食虫鸟类的嘴型，脚短小而爪较强。

燕子一般在4—7月繁殖。家燕在农家屋檐下营巢。巢为皿状。每年繁殖2窝，大多在5月至6月初和6月中旬至7月初。每窝产卵4～6枚。第二窝少些，为2～5枚。卵乳白色。雌雄共同孵卵。14～15天幼鸟出壳，亲鸟共同饲喂。雏鸟约20天出飞，再喂5～6天，就可自己取食。食物均为昆虫。

燕子

与自然和谐共生
——基于大熊猫国家公园和东北虎豹国家公园中小学自然教育实践

孔雀仅2属3种。孔雀属包括2种,身长达2米以上,其中尾屏约1.5米,为鸡形目体形最大者。头顶翠绿,羽冠蓝绿而呈尖形;尾上覆羽极长,形成尾屏,鲜艳美丽;真正的尾羽很短,呈黑褐色。雌鸟无尾屏,羽色暗褐而多杂斑。求偶表演时,雄孔雀将尾屏下的尾部竖起,尾羽颤动,闪烁发光,并发出嘎嘎响声。孔雀飞翔能力较差,因为其较重,翅膀也没那么强劲。

孔雀

啄木鸟是著名的森林鸟,除消灭树皮下的害虫,其凿木的痕迹可作为森林卫生采伐的指示剂。它们觅食天牛、吉丁虫、透翅蛾、蟓虫等害虫。啄木鸟食量大、活动范围广,在13.3公顷①的森林中,若有一对啄木鸟栖息,一个冬天就可啄食90%以上的吉丁虫。

啄木鸟

不同种的啄木鸟形体大小差别很大,从十几厘米到四十多厘米不等。如绒啄木鸟长约15厘米,北美黑啄木鸟长约47厘米,橡子啄木鸟体长约20厘米,红头啄木鸟体长与橡子啄木鸟相似,为19~23厘米。

猫头鹰:别名"鸮",因其面貌似猫,被人们称为"猫头鹰"。猫头鹰白天喜欢躲在树叶间睡觉,等到夜幕降临时出来觅食,是森林里的捕鼠专家。由于猫头鹰的眼睛长在头部前方,不像别的鸟那样长在两边,因此它们想全方位观察四周情况时,只能不停地转动脑袋。

猫头鹰的视觉敏锐。在漆黑的夜晚,其视力比人高出100倍以上。和其他的鸟类不同,

猫头鹰

---
① 1公顷=0.01平方千米。

猫头鹰的卵是逐个孵化的，产下第一枚卵后，便开始孵化。猫头鹰是恒温动物。

国家一级保护鸟类：

黑鹳（学名：*Ciconia nigra*），国家一级重点保护野生动物。鹳形目、鹳科、鹳属，冬候鸟，是一种体态优美、体色鲜明、活动敏捷、性情机警的大型涉禽。黑鹳两性相似，成鸟嘴长而粗直，脚甚长，头和颈黑褐，具绿色光泽，上体和尾均黑褐色，前胸暗褐，下体余部洁白，眼周、嘴、脚为红色。亚成体头、颈和上胸褐色，上体黑褐色，下体多为白色，嘴、脚褐灰色或橙红色。常活动于河流、湖泊、水库的滩涂中，主要以鱼类为食。目前主要分布于天全县喇叭河镇、小河镇。

黑鹳

中华秋沙鸭（学名：*Mergus squamatus*），国家一级重点保护野生动物。雁形目、鸭科、秋沙鸭属，冬候鸟。俗名鳞胁秋沙鸭，是我国的特有物种。鼻孔位于上嘴中部，雄鸟头部黑色泛绿色光泽，具与喙等长的羽冠，上背黑色，下背和腰白色，体侧具有鳞状纹区；雌鸟头、颈部棕褐色，上体灰褐色，两胁具有黑色鳞状斑纹，嘴鲜红色，嘴尖明黄色，鼻孔接近上嘴中部。主要栖息于阔叶林或针阔混交林的溪流、河谷、草甸、水塘以及草地。主要以冷水鱼类为食。目前主要分布于天全县喇叭河镇、小河镇。

中华秋沙鸭

寻找萌萌大熊猫

••• 李粹茜

一、活动简介

通过走进大熊猫国家公园生态科普馆，观看影片、图片、视频等方式让学生直观感受大熊猫的进化历程，让学生了解大熊猫的生存环境以及大熊猫进化过程中所面临的威胁，激发学生保护大熊猫的意识。通过游戏互动、有奖问答等方式激发学生兴趣。带着学生走进高山密林，利用红外相机去寻找萌萌的大熊猫，让学生了解国家公园工作人员是如何监测保护大熊猫的。

二、活动目的

知识—认知目标：走进大熊猫国家公园天全片区，了解大熊猫保护工作的目的及意义，了解大熊猫的进化过程。

意识—感知目标：感知人类对大熊猫栖息地的威胁，培养学生尊重自然、敬畏自然、顺应自然的意识。

态度—价值目标：激发学生保护大熊猫的意识。

技能—方法目标：认识大熊猫的基本特征。

参与—行动目标：积极参与保护大熊猫的行动。

三、活动信息

适宜时间：全年。

适宜对象：小学 4~6 年级学生。

适用学科：自然实践活动。

活动时长：120 分钟。

活动人数：20~30 人。

活动场所：科普馆、户外等。

活动形式：自然体验、自然游戏。

四、活动资料清单

序号	名称	数量	用途
1	PPT	1	介绍游戏规则和安全提示
2	破冰游戏（熊猫布偶）	1 个	用击鼓传花游戏帮助学生自我介绍
3	大熊猫、小熊猫、羚牛、川金丝猴、水鹿头饰	20~30 个	分组所用
4	纪念品	若干	激励学生
5	熊猫服	20~30 套	扮演大熊猫
6	红外相机	10~15 架	模拟动物拍摄视频
7	A4 纸	20~30 张	用于记录
8	签字笔	20~30 支	用于记录
9	白字板	20~30 个	用于记录
10	积分卡	若干	用于记录得分

五、内容步骤

（一）引出活动

环节一　破冰分组（户外，大约 10 分钟）

活动流程

§ 引导语：

同学们，欢迎大家来到大熊猫国家公园天全片区，今天老师将带领同学们一起走进国家公园，认识我们最喜欢的动物，在这之前，我们先来做个游戏，互相认识一下。

任务

老师介绍游戏规则。

目的

帮助孩子们了解游戏规则。

步骤

介绍游戏规则。

（1）击鼓传花初相识。通过击鼓传花游戏让学生做自我介绍，熊猫布偶传到哪个学生手里就由哪个学生自我介绍。

介绍内容示例：大家好，我叫×××，今年×岁，来自×个学校×年级×班，平时喜欢做××、××。

（2）选择头饰来分组。介绍完后选择自己喜欢的头饰（如果中间花又传到已经介绍过的学生手里，那么花依次往后传），所有学生都选择完头饰后，按照选择同样头饰的分为一组。

（3）请同学们按照所选头饰的特点给自己的小组起个名字，并想一句活动口号（分组有利于活动开展，更有利于学生竞争意识的培养）。

> **辅助教具和资料**
>
> 头饰（大熊猫、小熊猫、羚牛、川金丝猴、水鹿）、熊猫布偶。

环节二　安全风险提示（PPT 展示，大约 5 分钟）

（1）宣读安全规则提示，告知学生活动要求。

（2）发放 A4 纸和签字笔，提醒学生在参观过程中可以记录重要信息。

（二）活动展开

环节一　参观科普馆和生态体验展示中心（大约 30 分钟）

§ 引导语：

同学们，你们知道大熊猫国家公园天全片区指的是哪些地方吗？你们知道萌萌的大熊猫是怎么进化而来的吗？你们知道大熊猫有一根伪拇指吗？它有什么作用呢？你们知道大熊猫的伴生物种有哪些吗？今天就跟随老师一起走进大熊猫国家公园生态科普馆去一探究竟吧！（边走边提醒学生，记录重点）

任务

老师带领学生们参观生态科普馆和生态体验展示中心。

目的

帮助学生们了解大熊猫国家公园天全片区的生物多样性。

步骤

引导学生们参观。

（1）带领学生们走进大熊猫国家公园生态科普馆参观，简单了解大熊猫国家公园天全片区的情况。

（2）通过观看《与大熊猫同行》科普影片，让学生们能够更加直观了解大熊猫的进化历程，熊猫进化过程中经历了怎样的困难，它们是如何

与自然和谐共生
——基于大熊猫国家公园和东北虎豹国家公园中小学自然教育实践

克服的，以此来传达"尊重自然、敬畏自然、顺应自然"的理念。

（3）学生通过操作触摸屏的方式观看巡护人员日常巡护，红外相机所拍摄的动物视频，以此来了解天全的生物多样性知识。

（4）参观宣传墙了解大熊猫的伴生物种，包括川金丝猴、四川羚牛、小熊猫、水鹿、藏酋猴等；四川旋木雀，这是由四川农业大学李桂垣老师在喇叭河开展鸟类研究时所发现的，是中国鸟类学家独立命名的第二种鸟类。

（5）接着带领学生参观生态体验展示中心，观看动植物标本，了解喇叭河的生物多样性知识。

小结：通过参观了解大熊猫国家公园的基本知识，也了解了天全片区的生物多样性知识。激发学生们对大熊猫国家公园的兴趣。

活动现场

大熊猫国家公园天全管护总站供

辅助教具和资料

写字板、签字笔、白纸。

环节二　知识竞答（大约15分钟）

§ 引导语：

同学们，通过参观你们是不是也收获满满呢？我们特别准备了一些问答题，你们愿意接受挑战吗？

 任务

复习生物多样性的知识。

目的

通过问答形式，加深学生们对熊猫知识的了解。

步骤

学生回答正确，则请他帮大家回顾是在哪里得到的答案；答错了，可以请本组一名学生帮助自己回答，答对了，则为本组记一分，答错不记分。每组学生在问答题环节都有一次请求帮助的机会。答题结束，统计分值，分出一、二、三等奖，按等次发放纪念品。

（1）大熊猫国家公园天全片区分布在哪些乡镇？

思经镇、仁义镇、小河镇、喇叭河镇和兴业乡5个乡镇。

（2）大熊猫国家公园天全片区的面积是多少？

1 545平方千米。

（3）大熊猫国家公园天全片区有哪些珍稀植物？

珙桐、连香树、红豆杉、独叶草等。

（4）大熊猫的外观有哪些特点？

圆圆的脸颊，大大的黑眼圈，黑白相间的外表。

（5）大熊猫的祖先是谁？　　始熊猫。

（6）大熊猫有几根手指？　　5根，进化出了一根伪拇指。

（7）伪拇指的作用是什么？　　为了更好地抓握竹子。

（8）为了减少竞争，小种大熊猫选择了什么作为食物？

生长迅速、分布广茂的竹子。

（9）大熊猫几岁的时候成年？　　4~6岁。

（10）大熊猫标志性行走方式是什么？　　内八字。

（11）在天全，由中国科学家独立发现并命名的鸟类是什么？

四川旋木雀。

（12）小熊猫是大熊猫的小时候吗？　　不是。

（13）大熊猫视力好吗？为什么？

不好，因为大熊猫长期生活在茂密的竹林里，光线暗，障碍物多，在几百万年的进化中视力逐渐退化，主要通过嗅觉和声音来完成对事

与自然和谐共生
——基于大熊猫国家公园和东北虎豹国家公园中小学自然教育实践

物的认识。

（14）大熊猫每天吃多少千克竹子？　　20千克左右。

（15）天全有多少只大熊猫？　　78只。

（16）大熊猫的伴生物种有哪些？

四川羚牛、川金丝猴、水鹿、小熊猫、藏酋猴等。

小结：通过问答方式，可以了解学习在参观过程中接受的知识程度。

◈ 辅助教具和资料

纪念品、积分卡。

环节三　红外相机觅踪影（大约60分钟）

§ 引导语

同学们，我们已经了解了大熊猫的成长历程，也了解了生活在国家公园的许多动物，它们是那么的可爱！你们爱不爱？那你们今天想不想当一次萌萌的大熊猫呢？今天就让我们一起去寻找萌萌的大熊猫？

◈ 任务

学会使用红外相机，并亲自扮演角色。

◈ 目的

了解红外相机的工作原理，了解国家公园工作人员是如何利用红外相机来开展保护工作的。

◈ 步骤

认识红外相机，学习红外相机。

（1）红外相机初相识。在投影上播放红外相机所拍摄到的大熊猫视频，激发学生们对大熊猫的喜爱之情。

（2）学习红外相机操作。老师介绍红外相机在大熊猫观察中的作用，向学生们讲授红外相机的工作原理及操作过程，并示范操作。

（3）亲自试验见真知。老师给每位学生发放一套熊猫服，学生穿上熊猫服，按照组别在规定的区域内完成红外相机的绑定及拍摄，学生模拟熊猫的形态在红外相机辐射范围内做动作，抓拍萌萌的大熊猫。等拍摄结束后，学生带着红外相机回到集合点，老师取出红外相机拍摄的视频，播放给大家看，大家再选出拍摄最萌的一组。

活动现场

天全管护总站供

指导提示

（1）教授学生红外相机工作原理。

（2）指导学生红外相机的操作。

小结：这个游戏能让学生真切感受到大熊猫的可爱，以及了解红外相机的工作原理，以此来了解国家公园工作人员是如何开展保护工作的。

辅助教具和资料

红外相机、熊猫服。

环节四　活动总结（大约10分钟）

§ 引导语

同学们，今天我们了解了大熊猫的进化历程，在整个进化历程中，大熊猫也面临许多艰难的选择，但是为了生存，它们不断改变自己去适应环境变化。不管是大熊猫还是其他生物，包括我们人类，在不能改变环境时就要学会改变自己去适应环境，尊重自然、敬畏自然、顺应自然才能实现生命的延续。

同学们，今天也操作了红外相机，模拟了萌萌的大熊猫拍摄视频，我们也知道了大熊猫国家公园工作人员平时是怎样监测、保护大熊猫的，红外相机监测只是国家公园工作人员开展保护工作的其中一项，工作人员有时还要翻山越岭开展巡护，条件十分艰苦。所以，让我们携手并进，共同守护熊猫家园。

任务

通过互动游戏、参观科普馆、有奖问答和红外相机的使用，让学生们对大熊猫的知识有更深入的了解。

目的

帮助学生们了解大熊猫的基本知识，以及大熊猫所面临的一些威胁，启发学生们保护大熊猫的意识。

步骤

有意识地引导学生们去保护自然。

指导提示

引导学生们思考大熊猫所面临的威胁，它们是如何改变自身去适应环境的，从而引出只有尊重自然、敬畏自然、顺应自然，生命才会得到延续。

六、效果评估

（1）学生对今天的活动填写活动反馈表，工作人员可以及时掌握活动所取得的成效。

（2）最后集体合影留念。

七、安全提示

（1）游戏最多30人参与，避免过度拥挤。

（2）让学生明白游戏活动不是比赛，要遵守公平的游戏规则。

（3）注意游戏前、中、后的思考和交流。

大熊猫的野化放归与栖息地保护

••• 田春洋　毛　先

一、活动简介

四川栗子坪国家级自然保护区是大熊猫生存环境之一，也是我国大熊猫野化放归的重要基地。本活动通过对大熊猫的形态、生活习性、栖息环境、分布范围、种群及其伴生动物的分布，着重讲解野化放归的目的及意义等方面，让学员对大熊猫有进一步的了解，帮助学员认识到大熊猫的特征、保护大熊猫的重要性。也通过寓教于乐的形式让学生们感受到栖息地破坏给动物带来的不利影响，了解栖息地的完整对动物的重要性，思考作为公众，可以为包括大熊猫在内的其他野生动物的栖息地的保护做些什么。

二、活动目的

知识—认知目标：学会用系统性思维思考环境和生态系统的整体性。
意识—感知目标：对周围环境的感知能力。
态度—价值目标：正确认识人与野生动物的关系。
技能—方法目标：学习自然科学探究的基本方法。
参与—行动目标：参与保护野生动物行动。

三、活动信息

适宜时间： 全年。
适宜对象： 小学 3~5 年级学生。
适用学科： 生物学、社会科学。
活动时长： 115 分钟。
活动人数： 20~30 人。
活动场所： 孟获城大熊猫科普公园。
活动形式： 自然游戏。

四、活动资料清单

序号	名称	数量	用途
1	PPT 和多媒体设备	1 套	用于室内活动课程，了解保护区野生动物
2	大熊猫相关视频	1 套	用于室内活动课程，了解大熊猫外貌特征、分布现状
3	小蜜蜂扩音器	2 个	用于室内活动课程
4	A4 纸	1 盒	用于室内共绘大熊猫
5	急救包	1 个	用于室外活动安全风险预防
6	彩色粉笔	1 盒	用于室外活动的开展
7	动物种类卡片	1 盒	用于室外活动的开展，了解大熊猫的朋友

五、内容步骤

（一）引出活动

由"谜语"引发思考（10 分钟）

◉ 活动流程

🔗 背景

PPT 展示整个谜语——语言描述。

🔗 任务

让学生们思考是什么动物。

🔗 目的

使学生们认识到今天课程涉及的动物是什么。

🔗 步骤

（1）通过猜谜语，让学生们知道课程围绕的主角。

（2）让学生们思考真正的大熊猫到底长什么样子。

（3）让学生们了解大熊猫的朋友——伴生动物。

◉ 指导提示

（1）提问学生是否在哪里见过大熊猫。

（2）提问学生是否能清晰地画出大熊猫的外貌特征。

（3）提问学生是否知道大熊猫的朋友们。

◉ 辅助教具和资料

大熊猫的谜语、大熊猫及伴生动物日常视频和图片。

（二）活动展开

环节一　热身游戏——多人共绘大熊猫（15分钟）

活动流程

背景

学生们了解了游戏的规则。

任务

学生们每4人一组，先后完成游戏。

目的

通过游戏让同学们加深大熊猫外貌特征和学会合作完成一件事情。

步骤

（1）规则：辅助教师帮忙给每个小组分发绘画纸，要求组内成员合作画出大熊猫的外形及所有特征，并能清晰地看出大熊猫的不同部位的颜色。涉及不同部位，小组内可先行讨论，分工后再开始。不论前面的人画的什么样子，最后一个人需要补充完成自己的部分就好。

（2）评分：以小组为单位，分享作品。

指导提示

教师视学员分享情况，进行简短提问。通过游戏环节能清楚地让学生描述大熊猫的外貌特征。

（田春洋摄）
熊猫谜语猜猜猜

环节二 大熊猫野化放归（60分钟）

活动流程

背景

从简单了解大熊猫的衣食住行，引入野生大熊猫保护的方法。

任务

师生问题互动、观看视频，引导学生们进行思考和总结，谈一谈感受和方法。

目的

让同学们了解大熊猫的衣食住行、野生大熊猫种群的保护措施有哪些。

步骤

老师采用问答、观看视频的方式，重点讲解大熊猫栖息地环境、分布范围、繁殖方式、同域伴生动物及大熊猫野化放归的方法、目的及意义。

问题如下：

（1）大熊猫是哺乳动物。（对）

有区别于其他类群的大脑结构、恒温系统和循环系统，具有为后代哺乳、大多数属于胎生、具有毛囊和汗腺等共通的外在特征，大熊猫具有这些特征。

（2）大熊猫的嗅觉迟钝。（错）

大熊猫嗅觉较发达，大熊猫大多数的交流都是通过留在栖息地的气味标记来实现的。

（3）大熊猫是濒危动物。（错）

2016年（IUCN）在美国夏威夷宣布将大熊猫的受威胁程度从濒危变为易危。

（4）世界上的大熊猫全都来自中国。（对）

大熊猫栖息于长江上游各山系的高山深谷，主要分布在四川、陕西、

与自然和谐共生
——基于大熊猫国家公园和东北虎豹国家公园中小学自然教育实践

甘肃三省共49个县（市、区），秦岭、岷山、邛崃山、大相岭、小相岭和凉山6大山系中。其中75%左右的野生大熊猫分布在四川。

（5）大熊猫的宝宝叫小熊猫。（错）

大熊猫的宝宝仍然叫大熊猫，小熊猫是另外一个物种，具有和大熊猫不同的外形和生活习性。

（6）大熊猫只吃竹子。（错）

大熊猫其实是杂食动物，多数人认为熊猫只吃竹，但是大熊猫偶尔还会吃一些草本植物，一些果实，竹鼠，动物的腐尸等，我们把这些食物称为大熊猫的偶食性食物。

（7）同学们已经了解了大熊猫的外貌、食物、分布，那四川大熊猫的保护工作是怎样展开的？

四川大熊猫的保护工作主要是从两个方面展开，一个是就地保护，另一个是迁地保护。就地保护主要是采取建立保护区的方式，四川目前已经建立了46个保护区，60%~70%的大熊猫是生活在保护区里的，得到有效保护。另一个就是开展人工种群的繁育工作，在四川境内有两个最大的繁育种群，一个是中国大熊猫保护研究中心，另一个是成都大熊猫繁育研究基地。第三方面，开展大熊猫放归工作，通过圈养大熊猫的野化放归，对野外的小种群进行复壮。第四方面，采取一些工程措施，对大熊猫走廊带栖息地进行修复，确保小种群能够续存。

（8）为什么要放归大熊猫？大熊猫放归的目的是什么？

大熊猫放归原因：由于自然灾害和人为因素的干扰，生态系统恶化，严重压缩了一些物种的生存空间，造成它们走向濒危或灭绝，其中就包括野生大熊猫在内。为了保护珍稀动物以及它们的栖息地，国家建立了自然保护区和国家公园来为它们创造新的野外家园；在人工圈养种群增加到一定数量之后，需要将部分人工圈养大熊猫放归野外，以复壮野生大熊猫种群。

大熊猫野化放归的目的：增加小种群野生大熊猫的数量；改善其遗传多样性，消除大熊猫小种群灭绝的风险；在大熊猫历史分布区重建大熊猫种群；在实现大熊猫野生种群长期续存的同时，为其他大型兽类的保护性放归提供借鉴，保持并恢复自然生物多样性；促进当地和国家长期的经济社会发展，促进和提高全民保护意识。

（9）大熊猫野化放归的条件？

开展野化放归至少需要具备三个基础条件：一个能够自我维持和有活力的圈养种群；一支具备野外工作经验的研究团队；一块适合野化培训的场地。

（10）为什么要将大熊猫野化放归？

同学们，你们知道吗，咱们石棉县在大熊猫的保护工作方面也做出了突出的贡献，特别是四川栗子坪国家级自然保护区。四川栗子坪国家级自然保护区位于四川盆地西南缘的小相岭山系、大渡河中上游、贡嘎山东南面石棉县境内，地理位置为东经102°10′33″～102°29′07″，北纬28°51′02″～29°08′42″；南北长23千米，东西宽17.8千米，总面积47 940公顷。保护区建立于2001年，是以大熊猫小相岭野生种群及其栖息环境为主要保护对象的野生动物类型自然保护区，在保护最濒危的大熊猫种群——小相岭大熊猫种群方面具有核心价值。保护区内生态系统典型，物种多样，且珍稀物种群落丰富，共有红豆杉等国家重点保护野生植物11种、大熊猫等国家重点保护野生动物37种，生态保护和科学研究价值极高。

（田春洋摄）
了解保护区野化放归大熊猫

（李健威摄）
大熊猫野化放归基地

（田春洋摄）
大风吹游戏

与自然和谐共生
——基于大熊猫国家公园和东北虎豹国家公园中小学自然教育实践

> 根据全国第四次大熊猫调查的结果，发现包括栗子坪国家级自然保护区在内的整个小相岭山系大熊猫种群存在遗传多样性低、缺乏基因交流、栖息地破碎化严重等问题，如果不加强保护，栗子坪国家级自然保护区乃至整个小相岭山系的大熊猫种群都存在逐渐灭绝的风险。野化放归加入新的大熊猫个体是有效保护孤立大熊猫小种群并保证其长期续存最有效的手段。2009—2017年，四川栗子坪国家级自然保护区一共放归了9只大熊猫，部分大熊猫已参与产仔，增加了种群间基因交流的机会，降低了灭绝风险。

环节三　介绍游戏规则（5分钟）

活动流程

§ 引导语

同学们，今天我们将通过一个游戏，来了解大熊猫的朋友们，看看大熊猫都有哪些朋友。

任务

老师介绍游戏规则。

目的

帮助学生们了解游戏规则。

步骤

介绍游戏规则。

我们的游戏叫大风吹，当老师说到大风吹！同学们就一起回答说吹什么？然后老师就会说一个卡牌内相关的点，比如说——吹爱吃竹子的动物！然后拿到符合这个条件的卡牌的同学就要跑动起来，去找另外的一个位置，注意不能和旁边的人交换位置（栖息地），大家在跑动的时候，老师会拿掉一个人的粉笔，这样的话，就会有一个同学最后找不到自己的位置啦！那这时候他怎么办呢？他就会代替老师的角色，下一回合就会由他来喊大风吹，然后其他同学回答吹什么？然后他就可以根据自己卡牌的内容回答吹什么？比如说吹四只脚的动物，然后符合条件的同学就又要跑动起来，代替老师的同学这时候也可以加入跑动中找自己的位置，这样就有另外一个同学找不到自己的位置。那么他就变成老师的角色，询问大家大风吹啦。大家明白规则了吗？那现在我们来试一下！

◁ 指导提示

（1）帮助学生们认识到现实的大自然中生物之间的关系是相互依存的。
（2）让学生们了解游戏的规则，明确游戏应该如何进行。
（3）让学生了解栖息地的完整性对野生动物的重要性。

◁ 辅助教具和资料

PPT：介绍游戏规则。

环节四　进行"大熊猫的邻居"大风吹游戏（20分钟）

◁ 活动流程

背景

学生们了解了游戏的规则。

任务

分发卡片，学生围成一个圈，助教老师开展游戏。

目的

引导学生们思考栖息地的完整性对野生动物的重要性，激发生态保护意识。

◁ 指导提示

让学生们通过游戏环节认识到生态保护的重要性。

（郭扬摄）
游戏后的小总结

与自然和谐共生
——基于大熊猫国家公园和东北虎豹国家公园中小学自然教育实践

◆ 辅助教具和资料

彩色粉笔、动物种类卡片。

（三）活动总结（5分钟）

总结游戏活动带来的思考。

◆ 活动流程

背景

学生们完成了游戏。

任务

教师引导学生们进行思考和总结，谈一谈感受和想法。

目的

通过游戏活动，帮助学生们深刻地认识到生态保护的重要性。

步骤

（1）刚才的活动中最开心的事情是什么？有什么不开心的事情吗？

（2）你认识了多少种大熊猫伴生动物？

（3）你认为大熊猫、伴生动物之间有着怎样的关系？它们之间怎么才能和谐共处？

◆ 指导提示

引导学生们通过游戏进行思考，保护区的工作在保护野生动物和保护它们的栖息地中起到的重要作用，可以为包括大熊猫在内的其他野生动物的栖息地的保护做些什么。

> **辅助教具和资料**
> PPT：引导学生思考的 3 个问题。

六、效果评估

（1）学生学会用科学的眼光去看待生态保护的问题。

（2）学生通过参与游戏体会到一种生物在食物、环境等方面对栖息地其他生物造成影响。

（3）学生能够提出保护一种生物，需要保护栖息地所有生物的想法。

七、安全提示

（1）游戏中参与者最多不超过 30 名学生，避免过度拥挤出现安全事故。

（2）让学生明白这个游戏活动不是在比赛，是要遵守公平的游戏规则。

（3）注意游戏前、游戏后组织学生进行思考和交流。

八、背景资料

（一）大熊猫为什么要野化放归

由于自然灾害和人为因素的干扰，生态系统恶化，严重压缩了一些物种的生存空间，造成它们走向濒危或灭绝，其中包括野生大熊猫。为了保护珍稀动物以及它们的栖息地，国家建立了自然保护区和国家公园来为它们创造新的野外家园；在人工圈养种群增加到一定数量之后，需要将部分人工圈养大熊猫放归野外，以复壮野生大熊猫种群。

（二）大熊猫野化放归的目的

大熊猫野化放归的目的是增加小种群野生大熊猫的数量；改善其遗传多样性，消除大熊猫小种群灭绝的风险；在大熊猫历史分布区重建大熊猫种群；在实现大熊猫野生种群长期续存的同时，为其他大型兽类的保护性放归提供借鉴，保持并恢复自然生物多样性；促进当地和国家长期的经济社会发展，促进和提高全民保护意识。

（三）大熊猫野化放归的条件

开展野化放归至少需要具备三个基础条件：一个能够自我维持和有活力的圈养种群；一支具备野外工作经验的研究团队；一块适合野化培训的场地。

四川栗子坪国家级自然保护区简介和开展的大熊猫野化放归成效。

四川栗子坪国家级自然保护区位于四川盆地西南缘的小相岭山系、大渡河中上游、贡嘎山东南面石棉县境内，地理位置为东经102°10′33″～102°29′07″，北纬28°51′02″～29°08′42″；南北长23千米，东西宽17.8千米，总面积47 940公顷。保护区建立于2001年，是以大熊猫小相岭野生种群及其栖息环境为主要保护对象的野生动物类型自然保护区，在保护最濒危的大熊猫种群——小相岭大熊猫种群方面具有核心价值。保护区内生态系统典型，物种多样，且珍稀物种群落丰富，共有红豆杉等国家重点保护野生植物11种、大熊猫等国家重点保护野生动物37种，生态保护和科学研究价值极高。

根据全国第四次大熊猫调查的结果，发现包括栗子坪国家级自然保护区在内的整个小相岭山系大熊猫种群存在遗传多样性低、缺乏基因交流、栖息地破碎化严重等问题，如果不加强保护，栗子坪国家级自然保护区乃至整个小相岭山系的大熊猫种群都存在逐渐灭绝的风险。野化放归加入新的大熊猫个体是有效保护孤立大熊猫小种群并保证其长期续存最有效的手段。2009—2017年，四川栗子坪国家级自然保护区一共放归了9只大熊猫，部分大熊猫已参与产仔，增加了种群间基因交流的机会，降低了灭绝风险。

想了解更多大熊猫相关信息请登录以下网址：

［1］http：//www.panda.org.cn/china/events/introduce/2013-01-07/10.html.

［2］http：//www.panda.org.cn/yf/net_web/s3.html.

［3］http：//news.cntv.cn/special/jujiao/2015/087/index.shtml.

大熊猫栖息地
之植物之美

●●● 田春洋　毛　先

一、活动简介

四川栗子坪国家级自然保护区内地形复杂，气候立体特征明显，森林植被具有典型亚热带特点，是小相岭地区现今保存最为完整的一块亚热带森林生态系统。保护区生物资源十分丰富，植被群落结构复杂，植被自然性和典型性极高，垂直分布明显：共有5个植被型组、9个植被型、15个群系组、19个群系，是小相岭山系最重要的物种资源库。现有11种植物属国家重点保护植物，其中国家一级保护植物有红豆杉、南方红豆杉2种，属国家二级保护植物的有水青树、连香树、厚朴、西康玉兰、香果树、红花绿绒蒿、润楠、楠木、油麦吊云杉9种。通过本课程让学生了解植物概念、光合作用以及植物的形态特征；进一步了解栗子坪国家级自然保护区以及保护的野生植物，借用我国非物质文化遗产——拓印技艺，发现自然之美、植物之美、创作之美；让学生认识到森林在地球上的作用，植物在我们生活中的作用并与人的重要关系，懂得保护植物的重要意义。

二、活动目的

知识—认知目标：学会从独特的文化内涵和精神价值的角度去发现植物之美。

意识—感知目标：对周围环境的感知能力。

态度—价值目标：正确认识人与植物的关系。

技能—方法目标：学习自然科学探究的基本方法。
参与—行动目标：参与保护野生植物宣传活动。

三、活动信息

适宜时间：全年（非恶劣天气皆可执行）。
适宜对象：小学 3～6 年级、中学学生。
适用学科：生物学、物理学、综合实践活动。
活动时长：180 分钟。
活动人数：20~30 人。
活动场所：公益海保护站及周围步道。
活动形式：自然观察、自然游戏、自然艺术。

四、活动资料清单

序号	名称	数量	用途
1	放大镜	1 个 / 组	用于植物观察
2	A4 纸	30 张	用于植物观察记录
3	笔	30 支	用于植物观察记录
4	棉麻白色帆布包	30 个	用于植物拓印
5	新鲜花草	少许	植物拓印
6	拓印工具 6 套（含透明胶带 1 卷、剪刀 1 把、纸板垫 1 个、手套 1 双、明矾 5 克、拓染锤 1 把）	6 套	植物拓印
7	清水	2 000 毫升	植物拓印
8	盆子	6 个	植物拓印

与自然和谐共生
——基于大熊猫国家公园和东北虎豹国家公园中小学自然教育实践

五、内容步骤

（一）引出活动

自然观察（60分钟）

活动流程

背景（地址）

栗子坪保护区公益海管护站。

任务

主教老师开场介绍并分组；助教老师制定进入户外的行为准则，辅助老师做相关引导。

目的

学生们通过观察寻找自然中最美和最喜欢的植物，用眼睛观察、用耳朵去聆听。

步骤

（1）让学生们借用五官寻找到最美植物，用植物拓印的方法保留植物的美。

（2）小组讨论，由老师引导学生，分享各自的感受和想法。

指导提示

（1）提问学生是否见过这种植物，引发学生思考。

（2）引导学生发现自然之美、植物之美（不仅是形态的美，还有作用之美）。

（二）活动展开

环节一　自然观察（60 分钟）

§ 引导语

同学们，今天我们来到栗子坪保护区的一个管护站，名字叫公益海管护站。刚才咱们坐车过来的路旁看到好多植物，大家有没有好奇它们是什么植物？怎么样才能保留下来。

（郭扬摄）
观察树林里植物

任务

老师为每位学生发 1 支笔和 1 张纸，记录路边观察到的植物。

目的

让学生爱上植物，发现自然之美。

步骤

（1）让学生用笔和纸记录自己找到的最美植物，用简单的文字描述或用绘图表达。

（2）分享：小组讨论，并分享各自的感受和想法（可由老师引导），由主教点评。

指导提示

（1）提问学生是否见过这种植物，引发学生思考。

（2）引导学生发现自然之美、植物之美（不仅是形态的美，还有作用之美）。

（郭扬 摄）
发现树上栖息的虫子

（田春洋 供）
观察水中、岸边的植物

环节二　进行植物拓印活动（60分钟）

活动流程

背景

学生了解我国非物质文化遗产之一——拓印技艺。

拓印技艺是我国非物质文化遗产的重要组成部分，蕴含着独特的文化内涵和精神价值。同一种树叶，同一片花瓣，因拓印敲打的力度和频率不同，呈现出别出心裁的作品。所谓植物拓印，就是通过物理敲击，将新鲜植物叶片的汁水印在纸上，形成叶片图案。

任务

学生每5人一组，先后完成游戏。

目的

通过手工活动，用植物创作美丽的作品，提升学生们发现美、创造美的能力。

步骤

根据自己的喜好采摘新鲜的花草植物（尽量选择草本植物），修剪多余的叶子与花茎（尽量选择形状完整饱满且色彩清丽的花朵进行拓染）。在清水中加入少量明矾，将准备好的布料或植物放入水中浸泡15分钟。将浸泡好的植物取出，用纸巾擦除多余水分，再根据自己的喜好把花草植物摆放到准备好的布料上，用胶带将其固定住。拿出准备好的锤子，找到合适的力度和速度进行敲拓，可以随时观察效果并进行调整。敲拓结束后，清理布料上的植物残渣，将布料放入与明矾混合的水中，浸泡15分钟后取出晾干。这样就制作好啦！

指导提示

（1）提问学生是否接触过这种技艺，是否在哪里见过类似的技艺？

（2）引导学生主动观察植物拓印前后色彩的变化，探索是什么原因造成的色彩差异。

（田春洋摄）
植物拓印

辅助教具和资料

拓印工具6套（含透明胶带1卷、剪刀1把、纸板垫1个、手套1双、明矾5克、拓染锤1把）。

（三）活动总结

总结活动带来的思考（5分钟）

活动流程

背景

学生们完成了游戏。

任务

老师引导学生们进行思考和总结，谈一谈感受和想法。

目的

通过活动，帮助学生们了解植物概念、光合作用以及植物的形态特征。

步骤

（1）问题1：你了解到栗子坪国家级自然保护区的哪些保护的野生动植物？

（2）问题2：你心中的自然之美是什么样子的？

指导提示

了解植物拓印是非遗，敲打也是一种艺术，植物拓印被列入非物质文化遗产。引导学生们发现自然之美、植物之美、创作之美。

（张悦摄）
绘画、拓印植物叶子

六、效果评估

（1）了解植物概念、光合作用以及植物的形态特征等。

（2）进一步了解栗子坪国家级自然保护区以及保护的野生动植物。

（3）认识到森林在地球上的作用，植物在野生动物生存过程中的重要作用，懂得保护植物的重要意义。

七、安全提示

（1）游戏中参与者最多不超过30名学生，避免过度拥挤出现安全事故。

（2）让学生明白这个游戏活动不是在比赛，要遵守公平的游戏规则。

（3）注意游戏前、游戏后组织学生进行思考和交流。

八、背景资料

（一）植物的定义

植物是生命的主要形态之一，包含如树木、灌木、藤类、青草、蕨类及绿藻地衣等生物。种子植物、苔藓植物、蕨类植物和拟蕨类等植物中，据估计现存大约有350 000个物种。直至2004年，其中的287 655个物种已被确认，有258 650种开花植物，15 000种苔藓植物。绿色植物大部分的能源是经由光合作用从太阳光中得到的，温度、湿度、光线是植物生存的基本需求。

（二）植物的主要特点

植物是生物界中的一大类。植物可分为孢子植物和种子植物。其中孢子植物包含藻类、地衣、苔藓、蕨类；种子植物包含裸子植物和被子植物。植物是能够进行光合作用的多细胞真核生物，但许多藻类也是能够进行光合作用的生物，它们与植物的最主要区别就是水生和陆生。

（三）植物拓印

植物拓印是非遗，敲打也是一种艺术，植物拓印被列入非物质文化遗产。植物拓印是以植物的根、茎、花、叶、果实、果皮等为染材，通过物理敲击使其颜色、形状自然转印到织物上，属于植物染色中的特殊技艺。这种技艺类似古老的押花工艺，通过拓印保留植物的天然色彩和造型。植物拓印是使用木锤小心地敲击叶片，用力要适度均匀，敲击要仔细，确保叶片的每部分都经过敲打，只有这样溢出的叶片汁水才能均匀地印在纸上，形成的叶片轮廓才会清晰自然。将植物制成标本，是一场让它们永生的仪式。基于植物标本技法，一个饱含想象力的新生命绚烂重生，超越学术范畴，成为艺术，成为我们日常生活中瑰丽如梦的存在。植物拓印并不是像印刷那么精准，并不是想要什么颜色就能拓出来什么颜色，草木拓印无论是在颜色还是形式上都有着许多不确定性。即使是同一片叶子，正反两面拓印出来的效果也有所不同。而这取决于植物叶片内色素是否丰富，植物拓面色素丰富则拓出来的颜色自然饱满，若叶片的脉络清晰则拓出来的纹路就相对清晰。

想了解更多植物相关信息请登录以下网址：

[1] https://www.zhiwushuo.com/kepu/.

[2] https://puey.cn/.

[3] http://www.iplant.cn/.

秋季体验课程
在自然里寻找秋天

••• 田春洋　毛　先

一、活动简介

在秋末冬初的时节，走进自然里，亲近自然，探索自然的奥秘。大自然变幻无穷，我们见到她的每一次都是新的她，大自然留给了我们更多的想象和惊喜；进入自然里，不只是为了知道树木花草和鸟儿的名字，更重要的是感受自然的美，让学员在初识自然时就拥有喜悦的感觉是一件多么美妙的事情呀，然后去了解自然四季更替背后的故事与智慧，找到自己与自然的联系。

通过户外游戏让学员了解做保护工作需要具备怎样的特征；然后带领学员到这片被保护起来的区域里通过一些观察探索以及创作和游戏让学员感受秋日的美好。

二、活动目的

知识—认知目标：观察和寻找秋的踪迹，激发学员的好奇心以及锻炼学员的观察力。

意识—感知目标：对周围环境的感知能力。

态度—价值目标：学会发现自然美、创造自然美。

技能—方法目标：锻炼学员的动手能力，培养学员观察自然，从自然里获取和创造美的能力。

参与—行动目标：传播保护植物、保护生态环境的理念。

三、活动信息

适宜时间： 秋季（非恶劣天气皆可执行）。
适宜对象： 小学 1～6 年级学生。
适用学科： 科学、综合实践活动。
活动时长： 180 分钟。
活动人数： 20 人。
活动场所： 公益海保护站及周围步道。
活动形式： 自然观察、自然体验、自然游戏。

四、活动资料清单

序号	名称	数量	用途
1	多媒体设备	1 套	用于保护区工作介绍
2	对讲机	4 个	用于保护区工作介绍
3	小蜜蜂扩音器	2 个	用于保护区工作介绍
4	沙包	1 个	用于学员自我介绍
5	红外相机	2 个	用于保护区工作体验
6	GPS（Global Positioning System）	1 个	用于保护区工作体验
7	眼罩	25 个	用于森林静行游戏
8	急救包	1 个	用于室外活动安全风险预防
9	记录表	2 张	用于保护区工作介绍
10	彩色卡纸	20 张	用于辅助观察树叶的变化
11	食品塑封袋	25 个	供收集树叶
12	麻绳	1 卷	制作树叶曼陀罗
13	方巾	4 张	制作树叶曼陀罗

五、内容步骤

（一）引出活动

> **"丢沙包"游戏**
>
> ◈ **活动流程**
>
> ▸ **活动地址**
>
> 公益海保护站。
>
> ▸ **任务**
>
> 准备自我介绍时需要的道具——沙包；老师给大家讲解自我介绍的游戏规则。
>
> ▸ **目的**
>
> 让学员彼此认识熟悉，便于后面活动的开展。
>
> ▸ **步骤**
>
> 通过"丢沙包"游戏，彼此认识。

（二）活动展开

环节一　"丢沙包"游戏（20分钟）

§ **引导语**

在正式进行本次活动前，让大家相互了解，彼此认识熟悉，也便于后面活动的开展。除了熟悉一起参加活动的伙伴之外，也要了解保护区的基本内容及保护区的主要工作。

与自然和谐共生
——基于大熊猫国家公园和东北虎豹国家公园中小学自然教育实践

（田未东摄）
体验保护区监测工作

任务

老师准备自我介绍时需要的道具——沙包；老师给大家介绍自我介绍的规则。

目的

帮助学生们互相认识。

步骤

（1）介绍游戏规则。

请大家围成一个圈，如果你想认识谁，就请把沙包丢给谁，接到沙包的同学就要进行自我介绍，自我介绍的内容可以是自己叫什么名字，自己的爱好是什么，自己最喜欢秋天的什么……并请大家给介绍的人问好：你好，××。

(2) 执行游戏。

> **指导提示**
> 鼓励学生互相认识。

环节二 保护区的工作。（30分钟）

活动流程

背景

学生们了解了游戏的规则。

任务

学生每5人一组，先后完成游戏。

目的

（1）参观公益海保护站，了解保护区的科研项目和保护策略，帮助学员理解保护区的主要工作。

（2）通过游戏，初步接触自然保护应具备的小技能。

步骤

（1）参观公益海保护站，了解保护区的科研项目和保护策略，帮助学员理解保护区的主要工作。

（2）通过各种工具的展示，为学员介绍保护工作的具体操作方式。

（3）进行拯救大熊猫的游戏，让学员通过游戏的方式初步接触自然保护工作和科研工作应具备的小技能。

指导提示

教师视学员兴趣情况，鼓励学员对公益海保护站工作人员进行简短提问，让学生更能切实感觉野生动物保护工作。

与自然和谐共生
——基于大熊猫国家公园和东北虎豹国家公园中小学自然教育实践

（田未东摄）
查看、分辨动物粪便

环节三　森林静行（20分钟）

活动流程

背景

在安静行走的过程中用心体验和感受森林里自然的美妙。

任务

出发前给学生们讲解进入区域的大概情况，告知接下来活动进入区域需要遵守的准则；给学生讲清楚行走规则——安静不发出声音，在行走过程中如果有需要请举手示意；请学生们在行走的时候关注整个森林的环境，认真倾听自然的声音。

目的

在安静的环境下感受森林秋天的景象。

步骤

带领大家行走在森林中，提醒大家注意安全。行走的时间大约20分钟，在开始行走10分钟后，请大家暂停，然后给大家戴上眼罩，教师睁着眼睛带队，让他们以毛毛虫（后面的人手搭在前面人的肩膀上）的队形行走，大约行走5分钟的时间后停下来。邀请学员分享所听、所闻和感受。

指导提示

邀请学员们分享所听所闻。

（石旭摄）
森林静行

环节四　树叶的变化（50分钟）

活动流程

背景
秋日的落叶。

任务
收集树叶颜色变化的资料。

目的
引导学员观察秋季的树叶变化；给学员讲解树叶变化的原理；进行树叶曼陀罗游戏。

🔗 步骤

（1）邀请学员寻找秋天的色彩，教师帮忙分发色环卡、塑封袋（供收集树叶）；让学员在行进过程中收集与色环相近的颜色，同时仔细观察，思考为什么会产生这样的变化。抵达终点，邀请学员将色环卡和树叶放置于大白布上，提问找到的颜色数量，并请学员分享他/她观察到的现象和原因。

（2）邀请学员制作树叶曼陀罗：请学员将收集的各种颜色的落叶，在白色棉布上排列出来（这样树叶由绿色到黄色再到红色的变化就很直观地展现在大家的面前啦）。

◈ 指导提示

请学员将收集的各种颜色的落叶，在白色棉布上排列出来（这样树叶由绿色到黄色再到红色的变化就很直观地展现在大家的面前啦）。

◈ 辅助教具和资料

彩色卡纸、食品塑封袋、麻绳、方巾；发放食品塑封袋1人/个、彩色卡纸1张/人。

环节五 自然游戏——森林着火了（30分钟）

◈ 活动流程

🔗 背景

森林防火是保护区工作中的重要部分，秋冬季节是森林防火的重要季节。

🔗 任务

提前划分好区域，分为危险区域和安全区域；设置好起点及游戏规则。

🔗 目的

通过森林着火了的游戏，传递森林里生活着的生灵和我们是息息相关的，它们的栖息地很重要，是要保护的重要内容；让学员了解森林火灾的危害预防火灾，小学生应该做什么。

步骤

请学生分组（每5人一组）站立，并想好自己小组的代表动物名称；最开始由带队教师担任第一把火，并告知火是可以蔓延的；森林着火了，助教老师会喊××动物的名字，当这个动物的小组听到喊自己的时候，大家就要从起点快速跑向安全区域，在大家奔跑的时候，作为火的老师，就要去捉住这些小动物们，被捉住的小动物也就变成了火和之前的火一起再去蔓延燃烧更多区域，让更多的小动物落入火网。最后请小组成员进行活动感受分享，教师进行小结。

指导提示

教师发布游戏指令，直到所有的动物都跑过一次后，再重新进行第二轮。

（郭扬摄）
游戏前的规则讲解

（三）活动总结

> **活动流程**

背景

学生们完成了活动。

任务

教师引导学生们进行思考和总结，谈一谈感受和想法。

目的

通过活动，帮助学生们深刻地认识到保护野生动植物的重要性。

步骤

（1）使学生们对彼此有了简单的认识。

（2）请大家分享通过保护站工作人员的介绍后，自己对保护区工作的理解。

（3）请想一想如果大家想要成为保护区工作人员，觉得自己需要具备哪些能力呢？

（4）询问大家行走的感受，是否在行走中感受到了平时没有注意的事情？

（5）行走过程中你发现的最打动你的事物是什么？

（6）在盲行的时候，内心害怕吗？还有其他什么感受呢？

（7）植物看似静悄悄，却充满智慧，气候变化，有的会变色、落叶去适应。

（8）自然中的颜色丰富多样，却常常被忽视。

（9）邀请学员留意气候和色彩变化。

（10）当森林着火的时候，大家的心情是怎么样的？

（11）当你被蔓延的火阻挡道路无处可逃的时候，你的心情又是怎么样的呢？

（12）如果你是小动物，当森林火灾来临的时候，你觉得有哪些逃生办法呢？

（13）我们有哪些方法能够避免发生森林火灾呢？

（田未东摄）
"森林着火了"游戏

六、效果评估

（1）了解保护野生动物需要做哪些工作？

（2）了解植物叶绿素的作用。

（3）认识到森林在地球上的作用，植物在我们生活中的作用和人类与植物的重要关系，懂得保护植物的重要意义。

七、安全提示

（1）游戏中最多有 20 名学生参与游戏，避免过度拥挤出现安全事故。

（2）让学生明白这个游戏活动不是在比赛，要遵守公平的游戏规则。

（3）注意游戏前、游戏后组织学生进行思考和交流。

八、背景资料

（一）围绕大熊猫保护，保护区工作人员都做了哪些工作

（1）开展样线巡护。野生大熊猫活动范围大且隐蔽，不可能对每只大熊猫都进行监控保护。所以，保护主要针对栖息地范围内展开。其中，巡护力量是首要的。巡护员主要是负责巡山护林，打击盗猎盗伐、捡拾大熊猫粪便，减少人类对栖息地的破坏和干扰，监测和记录相关数据，进而保护大熊猫的家园。进山至少要两三个人同行。计划的路线一般都是在原始森林里，没有人走过的路，只有兽径。负重几十斤的帐篷野外装备和食物不说，像来回需要三天的线路，一般是走两天，监测一天。真正走进原始森林，安全带回数据、样本，对精力、体力已是极大考验。

（2）布设红外相机，科技让我们更懂野生动物。在野生动物可能出没的区域，布设安装红外相机。当野生动物路过时，红外相机依靠红外感应触发机制，记录野生动物的生存状态。红外相机的布设，为保护区的科研监测和管理提供了借鉴，全面掌握了保护地内野生动物活动情况和种群数量变化趋势，不断提高野生动物保护与研究水平。

（3）粪便分析，通过野外捡拾粪便，采用"咬节法"和实验室仪器分析粪便DNA数据建立野生大熊猫DNA数据库，以期尽可能实现野生大熊猫的精细化管理。

（二）秋天叶子为什么变颜色（叶绿素的作用）

叶子的颜色都是由它所含有的各种色素来决定的。正常生长的叶子中含有大量的绿色色素，叫作叶绿素。另外，还有黄色或橙色的类胡萝卜素、红色的花青素等。植物通过它本身的化学变化把太阳能变成化学能来合成粮食。所以叶绿素的化学性质很活泼，也很容易被破坏。夏季叶子能长期保持绿色，那是因为不断有新产生的叶绿素来代替那些褪了色的叶绿素。类胡萝卜素是比较稳定的，对叶绿素还能起一定的保护作用。到了秋季，叶子经不住低温

的影响，产生新叶绿素的能力逐渐消失，而叶绿素破坏的速度超过了它形成的速度，于是绿色就褪掉，叶子也就变成黄色了。这是因为还有大量的类胡萝卜素留在那里的缘故。

（三）作为青少年预防森林火灾，我们能做什么

自觉当好森林防火的"宣传员"，森林防火，人人有责。学生要发挥"小手拉大手"作用，主动向家人、朋友宣传森林防火的重要性；自觉当好森林防火的"执行者"，要树立安全防范意识，杜绝一切野外用火行为的发生；自觉当好文明祭祀的"倡导者"， 要自觉摒弃上坟烧纸、燃香烛、放鞭炮等祭祀用火行为，大力弘扬文明祭祀、安全祭祀的新风正气；自觉当好森林防火的"监督员"，当遇到森林火灾隐患或森林火情时，要立即报告当地村（居）委会或乡镇（街道）等有关部门，以便及时组织扑救，最大限度地减少损失。

想了解更多植物相关信息请登录以下网址：

https://www.zhiwushuo.com/kepu/.

https://puey.cn/.

http://www.iplant.cn/.

"与虎同行"
虎豹栖息地巡护体验活动

••• 刘国庆 费 涛

一、活动简介

东北虎豹国家公园划定的园区是我国东北虎、东北豹种群数量最多、活动最频繁、最重要的定居和繁育区域，也是重要的野生动植物分布区和生物多样性最丰富的地区之一。

珲春市林区位于东北虎豹国家公园内，其野生动物种群资源丰富。2012年珲春市林业局成立野生动物植物保护管理科后，展开了一系列野生动物保护工作，包括巡山清套、相机监测、冬季补饲、动物调查等，这些工作的持续开展，促进了野生动物种群的健康发展，野生东北虎、东北豹的栖息环境持续恢复。

"与虎同行"虎豹栖息地巡护体验活动由专业巡护队员带队，按照活动设计的巡护路线（徒步完成3千米巡护）和巡山清套区域（巡护并拆除模拟盗猎工具及陷阱），布设红外相机监测点位（实现红外相机的安装及测试工作），进行野生动物调查（巡护及做好相应调查表格的记录，通过算法估测一定区域内野生动物的数量）。通过体验巡护工作，了解野生动物生存环境与日常巡护工作，结合自身感悟提出自己对野生动物保护的观点，并提出优化保护工作的建议。

二、活动目的

通过开展自然教育活动，使参与者了解当下野生东北虎豹的栖息地环境

与种群现状、保护工作方法、野生动物保护的整体性及未来保护工作的可期性。通过体验野生动物保护工作，了解一线巡护员工作日常，感受保护工作的艰辛，并以自身为出发点，宣传生态保护理念。

知识—认知目标：认识野生东北虎豹栖息地环境及物种之间的关系，认识重要的植被种类、野生动物种类和特征及栖息环境。

意识—感知目标：构建生态保护与野生动植物保护意识，提高对生物多样性价值重要性的理解。

态度—价值目标：增强对野生动植物、栖息地环境、巡护员日常工作的基本了解，优化自身对环境保护的价值观取向。

技能—方法目标：掌握基本野外巡护（徒步）相关技能，包括 GPS 手持机的使用、盗猎工具的拆除、红外监测相机工作原理、野生动物调查方法等。

参与—行动目标：完成模拟巡护工作、清缴盗猎工具、红外监测相机布设、野生动物调查以及一些自然游戏、自然观察等环节。

三、活动信息

适宜时间：冬季（11月中旬—次年3月中旬）。
适宜对象：年满18周岁的成年人（含大学生）。
活动时长：10小时（每天5小时，分两天开展活动）。
活动人数：20~30人（包括领队1人、安全员/组长4人、司机1人、参与活动人员14~24人）。
活动场所：野外（东北虎豹国家公园大荒沟区域）。
活动形式：自然体验、自然观察、自然游戏。

四、活动资料清单

序号	名称	数量	用途	备注
1	700M 实时传输红外相机	2套	巡护员日常工作体验之一，用于野生动物监测工作	包括太阳能板及调试设备

续表

序号	名称	数量	用途	备注
2	模拟盗猎工具	40个	巡护员日常工作体验之一,用于反盗猎巡护工作	需领队与各组组长在踩点时提前进行野外布设
3	GPS手持机	4套	巡护工作中必不可少的巡护设备	包括两节备用5号电池
4	巡护记录表	4套	每组进行巡护工作记录时使用	—
5	红外相机安装布设表	4套	每组进行红外相机布设工作记录时使用	—
6	有蹄类调查记录	4套	每组进行有蹄类野生动物调查工作记录时使用	—
7	手持火焰弹	4个	每组组长持有,用于应对与野生动物相遇等紧急情况	—
8	雪套	30个	用于应对活动期间的极端天气导致的大雪封山	根据天气以及实际情况决定是否继续开展活动
9	PPT	1套	用于介绍700M实时监测系统、相关保护工作的开展情况及当下野生动物种群的健康情况	—
10	野生虎种群相关介绍视频	5分钟	使参与者快速了解当下野生虎及野生东北虎的种群情况	—
11	巡护活动示意图	2张	用于了解本次体验活动路线	—
12	巡山清套区域图	2张	用于划定模拟盗猎的巡护区域	—

五、内容步骤

(一)引出活动

由"我是一只虎"的短片引发思考(10分钟)。

科普课堂

▸ 活动流程

📎 背景(情景)

播放"我是一只虎"短片,了解虎的相关信息、全球野生虎的种群现状及栖息地环境。

"与虎同行"
虎豹栖息地巡护体验活动

🔗 任务

让参与者了解全球野生虎种群的现状以及当下野生虎的保护方法与成果。

🔗 目的

使参与者认识到保护野生虎对自然及人类的意义,并自发投入环境保护事业或宣传工作中。

🔗 步骤

(1) 在东北虎豹国家公园珲春市局的野生动物监测中心开展科普课堂,播放"我是一只虎"短片,了解大家对当下野生虎保护的认知情况。

(2) 领队讲解虎豹研究与保护开展过的、正在进行的、未来需要进行的工作,以及其他老虎分布国的保护经验。

(3) 领队介绍700M实时传输红外监测系统(天地空一体化监测系统,是全球范围内对野生动物监测最为先进的系统,包括智能AI识别、物种自动分类、人兽冲突预警等功能),包括展示监测系统、介绍系统的功能以及播放监测到的野生动物影像资料。

(4) 领队讲解反盗猎巡护工作方法,以及植物调查、动物调查等基础信息。

◁ 指导提示

(1) 提问参与者是否了解野生虎在全球及我国的种群现状。

(2) 提问参与者:野生虎保护工作的针对性,是指野生虎的数量越多越好吗?从而引出野生虎保护与生态环境的关系。

◁ 辅助教具和资料

"我是一只虎"短片、天地空一体化监测系统、虎豹及其他野生动物影像资料。

与自然和谐共生
——基于大熊猫国家公园和东北虎豹国家公园中小学自然教育实践

（二）开展活动

环节一　布设红外相机

（刘国庆摄）
红外相机布设现场

§ **引导语：**

各位伙伴，大家已经了解了天地空一体化监测系统的原理，支撑这个强大监测系统的终端就是红外相机，数以万计的终端编织成一张网，覆盖了整片森林。接下来，让我们去体验一下红外相机的布设工作吧。

活动流程

任务

领队对参与者进行分组，介绍布设流程。

目的

让参与者了解红外相机监测原理，体验布设流程。

步骤

（1）由领队设计两条相机布设路线（根据难易程度分别设计，包括在相机布设的巡护路途中完成相应任务，任务卡由各组组长及代表进行抽签决定，任务包括途中的植物调查、动物足迹调查、样本采集等），根据参与者体力情况进行分组并安排每组组长（巡护员）与安全员。

（2）组长检查组员巡护装备的佩戴情况，将相关设备清点并完成分配；根据小组任务卡情况，在拿到路线设计图后与组员进行分析。

（3）参与者进山完成相机布设任务。由每组组长讲解任务卡的具体任务要求与规则。如无特殊情况，不得偏离设定的相机点位，由每组安全员进行监督。野外徒步及登山具有一定的危险性，巡护途中要互相协作，服从组长安排。安全员须随时了解情况，并保证参与者的人身安全。小组成员中的成员要相互帮助，并在前往相机点位的途中完成任务卡中的任务。

（4）参与者到达相机布设点位附近，进行观察后，选择符合监测标准的位置布设相机并做好相应记录；同时与监测中心工作人员联系，确认布设点位、拍摄角度以及是否回传等相关信息。

（5）在安全员现场确认无误后，参与者整理好相关设备，选择较为平坦、无风向阳的位置吃午餐。尽量在半小时内吃完午餐，即提前准备好便捷的食物与水。午餐结束后，所有人员务必将垃圾带走。

（6）参与者需按照地图指示方向下山返程，如遇特殊情况则由组长决定是否原路返回。两组成员下山后，在指定地点会合，并根据每组任务完成情况进行总结分析，分享途中所见所闻，谈谈各自的感受。

指导提示

（1）让参与者了解红外相机布设注意事项。

（2）根据各组任务卡中内容，为组员介绍植物调查、动物足迹调查、样本采集等工作方法。

（3）帮助参与者认识到，在大自然中，生物之间是相互依存的关系。

辅助教具和资料

700M实时传输红外相机、植物调查表、动物足迹调查表、样本采集卡、采集袋、GPS、巡护路线图、工具包。

与自然和谐共生
——基于大熊猫国家公园和东北虎豹国家公园中小学自然教育实践

环节二　体验巡山清套工作

活动流程

WWF 供
模拟盗猎工具炸子

WWF 供
模拟盗猎工具地枪

背景（情景）

　　参与者须了解盗猎行为是阻碍野生动物种群发展的直接因素，了解我国东北区域的发展历程；了解野生动物与当地居民生产生活方式的关系与变化情况、当下盗猎发生的概率、山林里盗猎陷阱的布设情况。

"与虎同行"
虎豹栖息地巡护体验活动

任务

两组成员需在指定时间、指定区域（巡护区域图）内完成模拟盗猎工具的清缴工作，并完成相应记录。

目的

通过模拟巡山清套工作，让参与者认识各种盗猎工具、盗猎行为与手段，了解盗猎行为主要针对的野生动物，以及该行为对整个生物链种群的直接与间接影响，及其对生态系统的破坏。

步骤

（1）领队将参与者分为两组（根据大家体力情况分别设计两片巡护区域），选出组长（参与者）与安全员，由组长与组员共同根据巡护区域图进行分析并制订巡护方案。领队讲解巡护过程中遇到的盗猎工具的拆解方法以及相关记录要求。

（2）参与者既可集体行动，也可单独行动（单独行动的人数不得少于两人，并与组长保持联系）。参与者如在巡护过程中找到了盗猎工具，应按照要求进行拆解、保存，并做好相关记录。

（3）参与者注意巡护时间及巡护区域覆盖情况，尽量在规定时间内最大化覆盖巡护区域并清缴盗猎工具。在规定时间内，所有参与者与组长会合并抵达指定地点，清点模拟盗猎工具，统一交给领队。

指导提示

通过巡山清套的模拟工作，参与者可以认识到生态平衡与食物链的重要性。

辅助教具和资料

模拟猎套、模拟兽夹、模拟捉脚、模拟炸子。

环节三　自然游戏

🧭 活动流程

🔗 背景（情景）

在完成模拟清缴巡山清套后，为了体现盗猎行为不仅会对野生动物个别物种产生影响，而且会影响整个生态系统的平衡，通过游戏的方式，让参与者明白每一个物种在生物链中的重要性。

🔗 任务

完成"生态系统关系"的绳索游戏。

🔗 目的

深化巡山清套工作对生态系统保护的作用，强调巡山清套不仅仅是对某个物种的保护，而是影响整条食物链及生态系统的健康。

🔗 步骤

（1）每个参与者到领队手中抽取身份卡，身份卡包括人类、东北虎、东北豹、野猪、梅花鹿、狍子、东北兔、河流、森林。

（2）游戏中的绳索工具由八根绳子组成，绳子的一端绑在一起，另一端掌握在除"人类"外的各个物种手中。

（3）当自然生态系统和谐、健康发展时，所有物种将绳索紧紧拉起，"人类"坐在绳索绑在一起的一端。

（4）来自八方的力量足以支撑"人类"坐在绳索中心而不掉落，故事也正式开始。领队让"人类"抽取手中的故事线索卡，随之推动故事情节的发展。

（5）随着故事的发展，来自绳索的八方力量越来越不均衡，最终"人类"无法稳定坐在绳索中心，最终跌落下来。

🧭 指导提示

参与者通过角色扮演，了解各个物种在自然界中的角色、作用及价值，认识到自然界中的各个物种都是不可或缺的。

辅助教具和资料

身份卡片、故事线索文案,绳索。

自然游戏

(三)活动总结

环节一 总结相机监测工作(20分钟)

活动流程

(刘国庆摄)
夏季日常巡护工作照

与自然和谐共生

——基于大熊猫国家公园和东北虎豹国家公园中小学自然教育实践

（刘国庆摄）
冬季日常巡护工作照

背景（情景）

两组参与者分别成功布设红外相机并实现回传。

任务

参与者回顾相机布设途中的经历，感受国家公园内上万台红外相机布设工作任务量的庞大。参与者系统查看相机所拍摄到的野生动物，谈一谈体会。

目的

使参与者切身感受相机布设及维护工作的艰辛；了解各红外相机组成的监测网对野生虎等监测的意义；了解当下虎豹公园监测系统的优越性。

步骤

（1）问题一：相机布设工作中最难忘的事情是什么？

（2）问题二：您觉得亲自布设红外相机并监测到野生动物有成就感吗？如果今后您布设的红外相机拍到了东北虎豹，您想对它们说些什么（此环节在参与者观看了各组红外相机拍摄到的野生动物资料后

开展）？

（3）问题三：您觉得将所有红外相机的监测信息进行汇总，能得出什么结论（引导参与者关注旗舰物种，如东北虎、东北豹）？

（4）调出一个月内拍摄到的野生虎的相机点位，并将拍摄到的野生虎花纹进行对比，得到一组野生虎个体家域领地范围，分析个体间的种源关系。

指导提示

了解红外相机拍摄的野生动物影像资料在整个监测系统中的作用；评估各种野生动物的密度及活动区域的差别。

辅助教具和资料

相机监测工作总结PPT、天地空一体化监测系统、野生动物监测影像。

环节二　总结模拟巡山清套工作（10分钟）

活动流程

背景（情景）

两组参与者分别完成预设区域的模拟巡山清套工作，清点模拟盗猎工具的数量，将该环节内GPS的模拟工具点位地图导出并与巡护区域图进行对比。

任务

总结是否清缴出全部模拟盗猎工具、相关记录是否完整、GPS导出的盗猎工具点位图与设计的巡护区域是否相符、参与者是否理解领队讲解的GPS相关知识。

目的

通过模拟盗猎工具清缴工作，还原真实反盗猎工作状态，让参与者感

与自然和谐共生
——基于大熊猫国家公园和东北虎豹国家公园中小学自然教育实践

受保护野生动物工作的不易，自愿加入反盗猎巡护及宣传工作。

步骤

（1）问题一：在活动开始前，是否了解什么是猎套、猎夹、捉脚？它们都是针对哪些野生动物设置的？活动后是否对这些盗猎工具有了新的认识？

（2）问题二：您觉得发现及拆除盗猎工具是否容易？如果将模拟巡护区域量化到整个虎豹公园，试着感受一下其工作量。

（3）问题三：您是否愿意加入野生动物保护工作中？如果愿意，您觉得可以做哪些力所能及的事情？

指导提示

在自然生态系统中，单一物种因人为因素而过度减少，影响的不仅是该物种种群的健康情况，而且是整个生态系统的平衡。

辅助教具和资料

模拟巡山清套工作总结PPT、真实的盗猎工具。

（刘国庆摄）
清理盗猎工具

环节三　自然游戏带来的思考（10分钟）

活动流程

背景（情景）

参与者共同完成了"生态系统关系"的绳索游戏。

任务

领队带领参与者进行思考和总结，谈一谈各自的感受和想法。

步骤

（1）问题一：活动中，您觉得您抽到的身份在自然界中重要吗？有什么作用？

（2）问题二：自然界中缺少了您，是否会受到很大影响？有没有可以替代您角色的其他物种？

（3）问题三：在这个游戏中，您觉得最重要的角色是谁？为什么？

六、效果评估

（1）对参与者进行满意度调查，了解参与者是否通过自然教育活动实现了预定的活动目标，了解参与者对活动整体安排的评价，包括领队、组长的知识储备及服务水平。

（2）评估各活动环节的完成情况，包括科普课堂、自然观察、自然游戏、巡护工作体验、700M 实时传输相机监测数据等相关环节的完成度。

七、安全提示

（1）全体成员须购买短期意外保险。

（2）在实践过程中，务必牢记"安全第一"，严守安全纪律，不散漫、不冒险、不存有侥幸心理，对自己负责，对他人负责，共同确保实践过程安全、顺利。

（3）活动期间遇到的特殊事件以及野生动物的照片及视频，尤其是关于保护工作的言论等，未经领队允许不得私自发布于网络。

（4）保持联系畅通。实践活动开始前，队员之间应加强认识与沟通，特别是要熟悉领队与安全员，以便在实践期间分组活动时可以与领队和安全员随时取得联系。集合一定要迅速、准时，有问题及时在群里报备。

（5）提前联系好实践地点，做好相关信息收集工作。每位参与者应提前获得实践地点的政府部门、警方、医疗机构以及接待单位的联系方式。

（6）在实践过程中，原则上不允许队员脱离实践队伍单独行动；有队员需单独行动时，必须向领队说明事由。

（7）注意贵重物品的保管和存放；队员之间应相互熟悉各自携带的行李，便于互相照看；上下交通工具、更换住宿地点时注意清点物品，避免遗失；乘坐汽车等交通工具时注意记录车牌号，便于出现问题时查找和联系。

（8）活动前一天了解天气情况，做好相应准备。出发时遇到天气变化，要认真分析趋势，做出延时、变更等处理，不可冒险行动。如果无法出行，可改为线上活动，也可编写个人日志、活动总结等。

（9）事先制订每项活动的具体计划。要有计划、有纪律地实行活动调研，避免造成因活动无目的、人员工作无秩序而导致的时间浪费和人员安全问题。

（10）在实践过程中，应听从领队老师的指挥，遇到突发事件，应该沉着冷静。

（11）不在危险的地区（如江边、湖边）逗留。

（12）准备合适的衣物。实践过程中应穿长裤、袜子和登山鞋，减少被划伤的可能。因此次活动定于冬季进行，不建议穿单件较厚重的衣物，应多穿几层薄厚适中的衣物，方便随时增减。做好头部、手部的保暖措施。主办方应根据具体情况提供雪套。

（13）注意饮食、饮水安全。注意饮食卫生，预防食物中毒。饭菜宜清淡，食材要新鲜。走路时容易出汗，活动期间应自备饮用水（建议带热水）。由于野外活动时间较长，需在野外吃午餐，建议带轻便、简单的食物（如面包、即食的咸菜等）。一定要做好食物补给，配备高热量的食物，预防低血

糖。饮食一旦出现问题,应及时告知领队,并与当地医院部门联系,及时解决。

(14)注意交通安全

①注意交通安全,遵守交通规则;注意所乘坐的交通工具的安全,应乘坐具有安全保障和合法客运资格的车辆,不乘坐超载、无照等非法车辆;乘坐长途交通工具时,可购买交通票证附带的保险等。

②乘坐交通工具时,注意将贵重物品贴身存放,睡眠过程中不要将贵重物品放在行李架上,减少被盗窃的可能性。

(15)交通事故处理

①有严重受伤情况发生时应立即拨打"120""110",并立即组织抢救。

②迅速告知领队及安全员,视伤情确定立即送医院或紧急处理后送医院。

③保护好现场,撤离至安全地点。

④向上级领导报告事故情况。

⑤立即成立事故处理小组,分别负责与受伤者家人、公安、医疗、保险等的接洽,妥善处理善后事宜。撰写书面报告,总结经验和教训。

(16)疫情防控

①戴好口罩,每天进行体温检测,做好通风消毒,尽量不去人员密集的地方。

②若发现疑似症状,应第一时间送往医院观察。

(17)配备急救小药箱

碘酒:消毒杀菌;酒精:消毒、物理降温等;藿香正气水:治疗中暑、感冒;蓝油烃油膏:用于烧烫伤后的处理;创可贴:消炎止血;麝香解痛膏:扭伤、关节疼痛等;云南白药:止血、活血;晕海宁:防治晕车船;绷带:外伤的包扎、止血和固定。

使用前要查看药物是否受潮变质,是否在保质期内。不能乱用标签不明的药物。

(18)活动开始前,领队及安全员需针对开展活动的区域,提前巡护并排查周边危险因素,包括野生动物、极端天气、山路交通等,同时运用700M实时监测系统,掌握野生动物情况。活动开展前,领队需发送给每位参与者关于安全问题的"风险告知书",其中,包括野外遇到野生动物的应对措施。参与者须仔细阅读,在没有安全隐患的前提下开展活动。活动期间若发生有安全隐患的特殊情况,所有参与者务必遵从领队安排,第一时间撤离。

八、参考资料

皮库诺夫,米切尔,杜尼中科,等.远东地区野生动物足迹指南[D].李冰,泽.哈尔滨:东北林业大学,2008.

"探访虎豹栖息地"自然课堂

●●● 孟　恺　王亚琼

一、活动简介

近年来,野生东北虎豹数量逐年增加。珲春作为"虎豹之乡",承担着保护野生东北虎豹的重任。保护野生东北虎豹,就是在保护我们自己,也是在保护生物多样性,改善我们赖以生存的生态环境。为此,我们开展以"探访虎豹栖息地"为主题的自然教育活动。活动由三部分组成,第一个环节通过寻找拼图的游戏,详细了解虎豹的个体特征;第二个环节通过观察相机和实地学习,详细了解野生东北虎豹生活环境和生活习性;第三个环节通过游戏的方式,将学生们真正带入自然,加深对自然界事物的了解。

二、活动目的

知识—认知目标：通过开展自然教育活动,学生们可以对野生东北虎豹的个体特征以及生活习性有更深刻的了解,丰富野生动物知识的储备量。

意识—感知目标：从活动中提高主观能动意识,从而生成主动保护野生动物和环境的意识。

态度—价值目标：将学习与探索游戏相结合,引发学生的思考,培养学生主动学习的兴趣。

技能—方法目标：掌握分辨老虎个体花纹的技能。

参与—行动目标：来到大自然中，感受大自然的魅力，锻炼身心、强健体魄。

三、活动信息

适宜时间：4—6月天气较暖的时候。
适宜对象：小学5~6年级学生。
适用学科：科学、综合实践活动。
活动时长：3小时。
活动人数：主讲教师1人、带队班主任1人、市林业局工作人员4人、学生24人、紧急救援医护人员1人，共31人。
活动场所：东北虎豹国家公园入口社区。
活动形式：自然游戏、自然观察。

四、活动资料清单

序号	物品名称	数量	用途	备注
1	车辆	1辆	接送参加活动的人员	大客车
2	运动装备	31套	统一服装，以防走丢	迷彩服、防蚊帽、运动鞋
3	摄像设备	1台	全程录制	—
4	拼图卡、桌椅、白板、矿泉水、笔记本、笔	若干	活动期间使用	—
5	记录表	24张	配合环节二"身临其境"使用	每位学生做好记录
6	调查问卷表	24张	用于了解学生学习效果	—
7	急救药箱	1个	以防突发意外情况	—

五、内容步骤

环节一　由"我是 T1 or T2"引发的思考（20 分钟）

活动流程

背景

像人类一样，每只东北虎都拥有自己的外形特点，让学生把七零八落的两只东北虎身体部分拼图找到并拼接起来。

任务

在规定区域内，让学生们自由寻找拼图（把两只东北虎的身体图片各分成12个部分，分别为头部×1、脸部×1、背部×2、胸部×1、腹部×1、四肢×1、臀部×1、尾部×1），找到的放在白板指定区域。

目的

学会识别东北虎的特征。

步骤

（1）带领学生来到活动场地，做好野外防护措施。

（刘国庆摄）
东北虎豹国家公园入口

（刘国庆摄）
自然教育场地—松亭农庄

（2）让学生分开寻找拼图，提示学生先做腹部、胸部和背部的拼接。

与自然和谐共生
——基于大熊猫国家公园和东北虎豹国家公园中小学自然教育实践

拼图示意

（3）拼好后将学生分为两组：T1 组和 T2 组。

（4）由主讲教师带领两组学生深入学习和探讨东北虎豹个体的特征、东北虎豹生存的环境，以及为什么要重点保护东北虎豹、我们如何为保护工作贡献力量。

◉ 指导提示

（1）提问学生是如何分组的。

（2）提问学生两只东北虎的区别是什么。

◉ 辅助教具和资料

两套东北虎的手绘拼图（每套12块）、工具袋、两个白板（带支架）、T1 和 T2 东北虎的原型照片。

环节二 身临其境（100分钟）

§ 引导语：

T1 和 T2 是我们给不同老虎起的名字。我们也生存在自然中，想一想我们的自然名是什么。在之后的活动中随着观察和体验，说出自己的自然名，并模拟它的形态。

"探访虎豹栖息地"
自然课堂

活动流程

任务
在东北虎的栖息地进行观察和体验。

目的
了解东北虎的栖息地环境状况。

步骤

（1）带领学生们到东北虎栖息地，在就近布设的相机的位置，观察相机，读取相机中拍摄到的虎豹影像，向学生展示真正的虎豹形象，加深学生对虎豹的直观印象。探讨为什么将相机布设在这里，在现场由巡护队员模拟东北虎豹的行走、标记、挂爪等形态和习性，引导学生关注虎豹的特征、生活习性等内容。

（2）所有学生闭上眼睛，安静地感受东北虎栖息地的声音、气味、温度、湿度等一切信息，引导学生记住当下的感受。

（3）沿路观察路面是否有动物足迹、蹬刨痕迹、粪便，树上是否有抓痕等，在自然中寻找野生动物的踪迹，讲述如何判断动物的种类，并做好记录。

（4）沿路观察栖息地能看见实体的植物、动物、昆虫种类，并做好记录，为学生创作自然笔记提供基础。

（刘国庆摄）
沿路风景图

（刘国庆摄）
入口社区风景图

环节三　寻找自然名

⚐ 活动流程

🔗 任务

学生取自然名，并进行"真心话大冒险"游戏。

🔗 目的

将学生们真正带入自然生态环境，成为自然界的一员，达到教育的目的。

🔗 步骤

（1）回到活动地点，让学生们尽快回忆野外体验活动中所观察到的信息，为自己取一个与自然相关的事物或者现象作为自然名（最好是偏正短语、动宾短语等形式，如站立的黄鼬、秋天的五角枫等）。

（2）把自然名写在自己的胸牌上，进行真心话大冒险游戏。

游戏说明：先通过屏幕随机选出学生的名字，这名学生可以任意选择真心话或者大冒险，选择真心话的学生回答关于虎豹相关的知识，答对有奖，答错需要说明自己胸牌的自然名以及背后的故事；选择大冒险的同学把手伸进"宝箱"，触摸里边的"动物"（类似动物的毛绒物品），答对有奖，答错需要说明自己胸牌的自然名以及背后的故事。

（3）游戏结束后，主讲教师带领学生进行总结。

⚐ 辅助教具和资料

播放设备（用动物形象设计学生名字）、物品宝箱、外形类似动物的毛绒物品、真实的小型动物、关于野生动物的相关知识等。

六、效果评估

通过活动后问卷调查的方式，对活动开展的效果进行评估，弥补不足之处，为下一次活动做好充分准备。调查问卷应轻松、简洁、生动，问卷内容针对东北虎和其栖息地展开。

引导学生做好记录，生成初步的自然笔记。活动结束后，学生回到家认真梳理所见所闻和所学内容，完成自然笔记的初步编写。

市林业局工作人员收集到的完整并且优秀的自然笔记作品，将递交到生态环境部宣传教育中心联合中国儿童中心、深圳市华基金生态环保基金会举办的"美丽中国，我是行动者"青少年自然笔记征集活动中进行参赛评选。

七、安全提示

活动在一松亭村附近，靠近林区，常有大型野生动物出没。为避免造成人员伤亡，应做好防护措施，带好烟雾弹、爆竹等驱赶动物的工具，以及紧急救援医药箱，以备不时之需。活动结束后收拾好所有物品，带走所有垃圾。

八、背景资料

东北虎是现存体重最大的猫科亚种，其雄性体长可达 3 米左右，尾长约 1 米，体重接近 350 千克，夏毛棕黄色、冬毛淡黄色。背部和体侧具有多条横列黑色窄条纹，通常 2 条靠近呈柳叶状。头大而圆，前额上的数条黑色横纹，中间常被串通，极似"王"字，故有"丛林之王"之美称。东北虎属国家一级保护动物。

东北虎孕期为 100~105 天，一胎生 2~4 崽，约两年产一次崽，幼虎 2 岁独立生存，4 岁性成熟，寿命为 15~20 年。

东北虎一般住在 500~1 200 米的山地针叶林或针阔混交林地带，主要靠捕捉野猪、马鹿和狍子等为生。它们白天一般在树林里睡觉，傍晚或黎明前外出觅食，活动范围可达 100 平方公里以上。

东北豹又称远东豹，是豹的一个亚种，是北方体形仅次于东北虎的大型猫科动物，头小尾长，四肢短健；毛被黄色，满布黑色环斑；头部的斑点小而密，背部的斑点密而较大，呈圆形或椭圆形的梅花状图案，颇似古代的铜

与自然和谐共生
——基于大熊猫国家公园和东北虎豹国家公园中小学自然教育实践

钱,所以东北豹又有"金钱豹"之称。前足5趾,后足4趾,爪灰白色,能伸缩。

东北豹生活于森林、灌丛、湿地、荒漠等环境,其巢穴多筑于浓密树丛、灌丛或岩洞中。东北豹一般独居,常于夜间活动,白天在树上或岩洞休息。东北豹主要靠捕食各种有蹄类动物和猴、兔、鼠类、鸟类、鱼类为生,秋季也采食浆果。食物缺乏时,会于夜晚潜入村庄盗食家禽、家畜。曾经广泛分布于俄罗斯远东地区、我国黑龙江和吉林、朝鲜半岛北部的森林。已被列入《濒危野生动植物种国际贸易公约》附录Ⅰ,受到严格保护。

哈达门乡一松亭村:成功入选吉林省文化和旅游厅、吉林省发展和改革委员会联合发布的《吉林省第三批省级乡村旅游重点村镇名录》。一松亭村作为珲春市东北虎豹国家公园核心保护区的入口社区,具有重要的地理位置优势。近年来,一松亭村依托靠山近水的自然优势和特色民宿,大力发展集旅游观光、休闲度假、赏花品果、采摘游乐于一体的乡村民宿旅游项目。一松亭村干净整洁,自然景观优美,适宜开展自然教育活动。

东北虎豹国家公园管理局珲春市局野生动物资源监测中心:珲春市林业局在野外布设了1 510台700M远红外野保相机,实时回传珍贵的野生东北虎豹和其他珍稀野生动物视频。通过天地空一体化监测系统对野生动物进行实时监测,及时发现异常情况。

(孟恺供)
红外监测影像 - 东北虎

(孟恺供)
红外监测影像 - 东北虎

"森林寻宝"
探秘森林生态系统体验活动

••• 韩红丹　段莲茹　陈天宇　郭玮洁　吴佳月

一、活动简介

带领学生到大荒沟辖区，通过自然观察的方式，让学生观察所处环境，了解生态系统的组成，包括空气、水、土壤、植物、动物等元素。森林是地球上最大的陆地生态系统，被誉为"地球之肺"，具有涵养水源和保持水土、改善空气、保持生物多样性、调节气候等作用。通过森林寻宝活动找出森林系统的组成要素，并用找到的物品制作粘板画，以此丰富学生对森林生态系统的认识。

二、活动目的

知识—认知目标：认识森林生态系统。
意识—感知目标：认识生态平衡的重要性。
态度—价值目标：通过了解森林生态系统的作用，使学生热爱森林，增强保护森林的意识。
技能—方法目标：通过查阅资料、收集信息、观看录像等，培养学生收集信息、处理信息的能力。
参与—行动目标：树立保护生物与自然环境的意识。

三、活动信息

适宜时间：春季、夏季、秋季。

适宜对象：小学 4~6 年级学生。
适用学科：综合实践活动课等。
活动时长：1~1.5 小时。
活动人数：30 人以内。
活动场所：虎豹公园内平坦树阴地。
活动形式：自然观察、自然体验、自然游戏。

四、活动资料清单

序号	名称	数量	用途
1	拼图	5 副	进行分组
2	寻宝清单	5 个	收集生态系统组成元素
3	太阳、水、动物粪便、动物等生态因素卡片	若干	替代无法收集的元素
4	粘贴板	5 个	制作贴板画

（韩红丹摄）
分组拼图

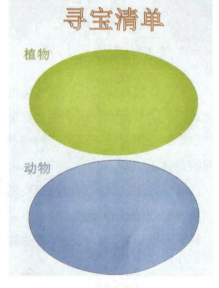

（韩红丹摄）
寻宝清单

"森林寻宝"
探秘森林生态系统体验活动

五、内容步骤

（一）引出活动

开展"虎豹公园里有什么"游戏，让学生按照音乐节拍说出自己看到或认为虎豹公园内存在的东西，不能重复，通过游戏让学生畅想公园的组成。

> **活动流程**
>
> **背景**
> 观察周围环境，思考森林生态系统的组成要素，如太阳、树、土壤、东北虎、黑熊、梅花鹿、野猪等。
>
> **任务**
> 让学生思考生态环境的组成要素，认识到在森林生态系统中，所有组成要素都是相辅相成、缺一不可的。
>
> **步骤**
> （1）让学生们围成一圈。
> （2）播放布谷鸟节奏音乐。
> （3）让学生们依次跟着节奏说出自己所想到的一种要素。

（二）活动展开

介绍游戏规则

§ 引导语：
今天我们将通过一个户外寻宝的游戏，了解森林生态系统各组成要素之间的关联。

步骤

（1）通过游戏的方式对学生进行分组（6人一组）（10分钟）。

①让学生抽取拼图碎片。

②让学生通过拼图的方式寻找组员。

（2）给每组分发一张寻宝表格。

植物	
动物	
其他	

（3）让学生按表格内容进行寻宝（20分钟）。

（4）一起梳理大家找到的宝物，在梳理过程中介绍自己找到的元素，并归纳出虎豹公园森林特征。

（5）导师引导学生补充未找到的元素。

（6）导师带领学生将表中的元素分为三类，即生产者、消费者（初级消费者、次级消费者、三级消费者）、分解者，并让学生知道这三类要素组成了生态系统。

（7）让学生们根据自己找到的宝物在粘贴板上按照自己的想法创作一个森林生态系统。

（韩红丹摄）
用掉落的树叶等作画

（刘洋摄）
创作自己的生态系统粘板画

（8）让学生们展示自己制作的作品，并进行讲解。

> 🧭 **指导提示**
>
> 这个游戏可以为孩子们展示生物多样性的重要性，让孩子们更了解生态系统，也更有环保意识。

（三）活动总结

背景

学生完成了游戏。

任务

讲解员带领学生进行思考和总结，谈一谈感受和想法。

目的

向学生们演示生态系统中每一环节的重要性，其中任何一个物种的消失、改变或破坏都会对整个生态系统造成影响。

步骤

（1）猜谜语：

> 龙行从雨我生风，
> 啸傲峰峦叱咤行。
> 牧放群猪初任"倌"，
> 生态繁荣有神功。
> 林海雪原霹雳火，
> 八面威风独享名！

（2）虎豹公园内东北虎的食物是什么？

答案：狍子、梅花鹿、野猪等有蹄类动物。

（3）为什么要保护东北虎？

答案：①东北虎具有自己独特的生态价值。在一个生态系统中，生物多样性越丰富、物种越多，系统就越稳定；反之，系统就越脆弱，越容易发生灾难性的变化。因此，不只是东北虎，处于这个生态系统中的任何物种都具有调控、调节生态平衡和物种平衡的作用。

②很多动物身上都具有某方面优秀的基因，如果这个物种消失了，它具有的优秀基因也就消失了，这对人类来说是很大的损失。

六、效果评估

学生们了解森林生态系统的概念及作用，认识虎豹公园内野生动植物的相关知识，并认识到维护生态平衡的重要性。

七、安全提示

（1）游戏中最多有30名学生参与，避免过度拥挤，出现安全事故。
（2）注意游戏前后组织学生进行思考和交流。
（3）学生在活动中应听从安排，不能单独行动，注意讲解员的安全提示。
（4）场地安全提示。

提示1：确定急救箱位置

户外活动时必备急救箱。急救箱内应包括创可贴、抗菌软膏、纱布垫、消毒湿巾、安全别针、棉签、碘伏、阿司匹林或布洛芬、蛇咬套装、眼药水、镊子、小剪刀、无菌敷布等。

提示2：注意消防安全

采取安全的防火措施：注意风向、确定安全出口、确定灭火器位置。

提示3：注意防晒

户外活动时，为了避免受到阳光的短期或长期影响，应适当保护皮肤，涂防晒霜。遵循以下防晒安全指南：暴露在阳光下前30分钟涂抹防晒霜，并及时补涂；可戴上帽子，尽可能多地遮住脸、耳朵和脖子；穿能遮住身体其他部位，免受阳光照射的衣服（防晒服）；休息时尽可能待在阴凉处。

提示 4：不要招惹野生动物

不能触碰野生动物；不要与野生动物靠得太近；不要喂食野生动物；妥善储存食物。

提示 5：做好驱虫，防止蚊虫叮咬

野外除了蚊子，蜱虫也是一个需要注意的问题，建议穿长袖衬衫、裤子等能覆盖皮肤的衣服。随身携带驱虫剂，并经常涂抹。

提示 6：认识本地植物

在进行自然教育活动之前，应了解活动当地的植物。不要吃树木等植物的果实。

提示 7：带上地图

应随身携带自然教育基地的地图。

提示 8：时刻保持警惕

虽然参加自然教育活动的初衷是放松和学习知识，但也应始终对周围环境保持警惕。

提示 9：不乱扔垃圾

提示 10：不随意进林区，听从研学导师的安排。

八、背景资料

东北虎豹国家公园管理局珲春局地处中朝俄三国交界，森林覆盖率达92%，植被类型主要是温带针阔叶混交林。试点以来，珲春局严格落实国家公园分区管控要求，全面实行了封山禁牧，限制了人员入山采集，很好地保护了虎豹栖息地，虎豹种群数量明显恢复。公园内有东北虎 50 只左右、东北豹 60 只左右。珲春是虎豹公园的核心区，虎豹数量约占公园内虎豹总数的 70%。

珲春野生动植物资源丰富，记录有陆生野生脊椎动物 27 目 78 科 355 种，其中国家一级保护野生动物 12 种，包括东北虎、东北豹、梅花鹿、紫貂、原麝、中华秋沙鸭、丹顶鹤、金雕、虎头海雕、白尾海雕、白头鹤、白枕鹤；国家二级保护野生动物 46 种，包括赤狐、黑熊、猞猁、豹猫、水獭、黄喉貂等。野生植物 119 科 314 属 537 种，属国家级重点保护的野生植物有东北红豆杉、红松、人参、水曲柳、黄檗、紫椴、莲等 13 种。

"远离禁区"
人与动物和谐共存之行

••• 韩红丹　段莲茹　陈天宇　郭玮洁　吴佳月

一、活动简介

珲春是东北虎豹数量最多且活动最频繁的区域，通过让村民观察动物足迹与动物痕迹的方式，提高村民对野生动物的敏感度，了解虎豹园区的危险禁区，在日常生活中能够识别出危险信号，远离危险，保护自身安全。

二、活动目的

知识—认知目标：认识园区内的各种警示标记。
意识—感知目标：了解靠近猛兽的危险性。
态度—价值目标：正确认识人类生产生活与野生动物保护的关系。
技能—方法目标：掌握人兽冲突预防及应对技巧，提升自我防范能力。
参与—行动目标：提升自身安全意识与自我保护能力。

三、活动信息

适宜时间：春季、夏季、秋季。
适宜对象：虎豹公园内社区居民。
活动时长：1小时。
活动人数：20人以内。

活动场所：室内、平坦空地。

活动形式：自然观察、自然体验。

四、活动资料清单

序号	名称	数量	用途
1	动物足迹展板	6 种	让村民识别猛兽足迹
2	动物卡片包	若干	足迹连连看游戏道具
3	动物痕迹	3 种	该区域有动物的可能性
4	警示牌	7 种	保护东北虎，避免人虎冲突
5	人虎冲突应对社区指南动画	1	宣传人虎相遇时如何保护自己
6	《荒野猎人》片段	1	错误行为
7	辖区内野生动物视频	17 种	了解辖区内野生动物的多样性

五、内容步骤

（一）引出活动

通过观看野生动物视频，了解该地区的生物多样性

🧭 活动流程

🔗 任务

让村民认识具有攻击性的野生动物，如东北虎、东北豹、猞猁、黑熊、野猪等。

🔗 步骤

在社区活动室组织社区居民观看野生动物视频。

与自然和谐共生
——基于大熊猫国家公园和东北虎豹国家公园中小学自然教育实践

（二）活动展开

环节一 足迹连连看

步骤

（1）设置动物足迹展区，并为村民准备动物卡片包（6种）。
（2）将卡片包内的卡片进行编号后发放给村民。
（3）让村民将卡片包里的动物卡片贴在相应的足迹上。
（4）结果大比拼，看谁猜得对。
（5）讲解员进行足迹特征讲解，划分危险程度。
（6）播放野生动物视频，通过视频展示野生动物的叫声。

（韩红丹摄）
观看辖区内野生动物视频

（吴佳月供）
狍子粪便

（吴佳月供）
狍子足迹

（高爽摄）
东北虎足迹

（吴佳月供）
野猪足迹

"远离禁区"
人与动物和谐共存之行

环节二　野外动物痕迹识别

步骤

（1）摆放东北虎挂爪、卧痕、蹬刨痕迹图片。
（2）提问东北虎豹标记领地的方式（多选）。
　　　A. 挂爪　　　B. 蹬刨　　　C. 留下气味或排泄物
（3）让村民辨别痕迹。
（4）讲解员对痕迹进行讲解。

环节三　展示警示牌

步骤

（1）摆放警示牌。
（2）讲解警示牌以及相关的警示标志。

（韩红丹摄）
了解防范人虎冲突相关知识

（3）让村民讨论遇到老虎怎么办。谈谈以前在山上作业时是否遇到过野生动物或听说过类似事件，遇到野生动物时应该采取怎样的保护措施等。

149

（4）观看人虎冲突应对社区指南，并分享保护区发生过的故事。

> **保护区故事：熊口逃生**
>
> 2021年，珲春东北虎保护区四名工作人员上山开展清山清套工作。四人向山中行进过程中突遇黑熊袭击，黑熊迎面冲向工作人员做扑咬状。四人保持冷静，反应迅速、机敏，一人立即向熊扔随身物品分散熊的注意力，其余几人合力与黑熊正面周旋搏斗，最终成功将黑熊赶跑。四名工作人员从熊口顺利逃生，略受轻伤，有效避免了生命危险。

指导提示

提醒村民入山需结伴而行，爱护动物的同时保护好自己，多关注一些动物的生活习性，尽量避免伤人事件的发生。

环节四　播放电影视频

让村民找出视频中的错误行为（《荒野猎人》片段）。

（三）活动总结

任务

让村民辨认出野生动物的危险信号，远离危险区域，减少人兽冲突。

目的

（1）社区居民是东北虎豹保护的主要力量，增强社区居民保护意识与参与程度，促进人与自然和谐共生，从而实现生物多样性保护和可持续社区的协调发展。

（2）在野外要注意观察，提高警惕性，学习一些野外自救知识，减少突发事件的发生。

步骤

（1）人虎相遇的场景有哪些？

①虎攻击家犬。老虎会持续多日跟踪狗并来到森林中人类居所的附近，受到攻击的狗会躲到主人身边，从而给人带来危险。因此，在老虎栖息地中生活的人不要带狗进入森林。

②捡拾虎的猎物。老虎会持续几天守在被捕杀猎物的附近，也能在猎物被拿走后循着猎物的痕迹找到人的住所。

③不要在房屋附近堆放垃圾，维护好居民点、房屋附近的卫生情况，禁止堆放会吸引猛兽的垃圾，特别是动物的尸体、皮毛等，所有动物尸体都需要焚烧处理。

④不要毫无防备地进入有虎活动的森林，在进入老虎栖息地前，应充分了解当地的老虎活动信息。如果当地曾发生过老虎袭击家畜、狗的情况，或者有人见过老虎，建议不要进入这里的森林。

（2）遇到被捕食的动物该如何处理？

遇到被捕食的动物时，禁止挪动与带走动物。

（3）遇到老虎怎么办？

①切忌扭头就跑。如果在遭受老虎攻击之前发现了它，那么说明它还在观察，并没有完全把你定义为"猎物"。此时切忌扭头就跑，不能将身体薄弱的背部暴露给它。

②利用明火躲避攻击。野生动物惧怕明火，若有打火机和汽油等助燃物，应立即翻出来点燃。如果周围有枯草的话，还可以利用枯草点燃。

③切忌弯腰低头。切忌弯腰、低头、下蹲等动作，否则老虎会以为你是它平时捕杀的生物，会增加它扑上来的概率。此时应当静静与它对峙，一边观察它的反应，一边不动声色地后退，逐渐增加与它的

距离。

④转移注意力。可以随身携带危险报警器，即打开就能发出极其尖锐刺耳报警声（或是大声叫喊，尽可能制造噪声）的报警器，使老虎无法做出正确判断，求生的本能反应有可能会让它逃离，躲开未知的风险。

⑤禁止私自闯入禁区。如果距离老虎位置比较近，躲避不及，可以保护好喉部，尽量护住身体最脆弱的地方，防止被老虎一击毙命。同时使用任何够得着的武器攻击老虎的鼻子、眼睛等脆弱部位。应遵守规则，不去有老虎出没的禁区。

六、效果评估

通过此次活动，村民们能认识辖区内丰富的野生动物资源，了解区域生态环境。通过展示野生动物足迹、痕迹和区域内的警示牌，提高村民辨别危险信号和区域的能力，自觉远离危险源。村民们通过观看《人虎冲突社区应对指南》和安全宣传板，学会在野外遇到老虎的应对方法和自救知识，在遇到危险时能够有效自救。通过向村民讲解东北虎在森林系统中的重要作用，正确认识人虎关系，构建和谐人虎关系。

七、安全提示

（1）教育基地内为禁烟区，严禁一切烟火。

（2）自觉遵守游览秩序，靠右侧行走，不要拥挤，以免发生意外。

（3）游览时请注意保管好私人物品，注意安全，维护自然教育基地环境卫生。

（4）爱护场地设施，不要乱涂乱画。

（5）自觉维护场地安全秩序，不携带危险品进入教育基地。

（6）听从自然教育导师的安排。

八、背景资料

（一）展板

宣传海报示例

（二）野外防护知识

（1）结伴而行。应避免独处的情况，保证自己在同行人员的视野范围内。保证人与人的距离在 10 米以内，切勿丢下同伴。

（2）制造声响。在徒步过程中，使用木棍敲击树木或者石头产生响动，驱赶动物。也可使用声音播放装置，如使用音响、手机等播放音乐，吹口哨或摇铃铛等。

（3）尽量避免雨天上山。下雨天视线较差，且雨滴声会掩盖走路的响动，无法有效驱赶动物，与野生动物相遇的概率将大大增加。

（4）带好手持信号弹。保证人手一个手持信号弹，紧急情况下用于驱赶动物和求救。

遇到以下几种情况最危险：动物受伤时；动物饥饿时；动物带崽时；动物在进食、饮水时受到惊吓。

总结

结伴而行，制造声响；　携带护具，耳听八方；
不要挑衅，遇事不慌；　高高站起，面向对方；
后退撤离，切忌莽撞。

"赏梅花鹿"
野生动物繁育基地体验活动

●●● 曲 丽

一、活动简介

东北虎豹国家公园管理局汪清分局位于吉林省延边朝鲜族自治州东北部，森林覆盖率98%。汪清分局野生动植物资源丰富，有脊椎动物28目68科244种、国家重点保护野生动物34种，其中有鸟类25种、兽类9种。汪清分局辖区是东北虎豹主要分布区和重要栖息地。为了促进东北虎豹及其猎物种群的恢复，汪清分局（汪清林业分公司）于2015年6月建设了东北虎豹国家公园管理局汪清分局野生动物繁育基地1处，位于金苍林场108林班，总占地面积为1 905亩[①]，基地主要野化驯养梅花鹿，通过野外释放增加东北虎主要猎物——梅花鹿野外繁殖种群，从而促进东北虎猎物的增长。目前，已野外放归梅花鹿50头。通过自然体验课程，让学生们扮演东北虎、梅花鹿，在游戏的过程中了解东北虎食物链以及梅花鹿在东北虎种群恢复中的重要作用；了解生物多样性，树立保护野生动物、热爱自然的意识。

二、活动目的

知识—认知目标：了解梅花鹿形态特征、栖息环境、生活习性、生长繁殖、保护等级等信息。了解梅花鹿为什么是东北虎的主要猎物，梅花鹿数量的多少对野生东北虎繁衍的重要作用。通过近距离接触感知梅花鹿毛发、体形、鹿角，听鹿鸣、辨别雌雄体态，了解食物种类、种群特征等，深入了解

---
① 1亩≈666.67平方米。

梅花鹿的生活习惯以及饲养梅花鹿的方法。通过活动了解什么是野化增殖、食物链关系、猎物群落结构等。

意识—感知目标： 为公众提供机会和平台接触自然，提升公众生态环境保护意识，培养中小学生热爱自然、保护动物的生态文明意识。

态度—价值目标： 拓宽公众对自然的认知，受到自然生态知识的科普教育，并逐步渗透生态文明理念。启发学生了解人与野生动物及人与生态环境之间的关系，树立正确生态文明观，逐步培养学生热爱自然、尊重自然、保护自然的意识，激发其热爱自然的天性。

技能—方法目标： 掌握梅花鹿的辨识技能，了解梅花鹿的保护方法。

参与—行动目标： 通过活动了解野生动物保护知识，以及保护梅花鹿、恢复东北虎豹种群的重要性，能向身边的亲属、朋友等进行科普宣传，能够防范干扰虎豹等野生动物繁衍、栖息和随意采摘野生植物的行为，使学生主动参与野生动物保护工作。

三、活动信息

适宜时间： 此活动可全年开展。

适宜对象： 小学 4~6 年级学生。

适用学科： 道德与法制、科学等。

活动时长： 40 分钟。

活动人数： 15~30 人。

活动场所： 东北虎豹国家公园管理局汪清分局野生动物繁育基地。

东北虎豹国家公园管理局汪清分局

夏季鹿群

活动形式：自然体验。

四、活动资料清单

序号	名称	数量	用途	备注
1	东北虎濒危原因、梅花鹿介绍（PPT、视频）	5 分钟	通过介绍帮助学生发现东北虎猎物对其生存繁衍的影响；重点介绍梅花鹿外形、鹿角、足迹、生活习性、觅食、繁衍等信息	—
2	野化增殖（游戏）	25 分钟	了解梅花鹿对东北虎生存的作用	—
3	喂养梅花鹿	10 分钟	体验喂养梅花鹿的乐趣，增加课程的趣味性	—
4	抽签用的卡片	15~30 张	帮助学生分组	—
5	头饰	虎头饰 2~3 只，梅花鹿头饰 13~28 只	确定游戏角色	—

五、内容步骤

（一）引出活动：东北虎猎物不足，引发思考（5分钟）

情景

通过了解东北虎濒危原因、观看东北虎食物链介绍（PPT、视频），引导学生思考东北虎猎物为什么会不足，梅花鹿在东北虎豹猎物中的重要地位。

走进"小课堂"

任务

让学生们思考东北虎猎物不足的情况下会出现什么结果。

目的

使学生认识到猎物不足，东北虎豹种群恢复困难；梅花鹿对东北虎数量的恢复有重要作用。

步骤

（1）通过观看东北虎濒危原因、东北虎食物链介绍（PPT、视频），让学生了解东北虎与梅花鹿的关系。

（2）让学生思考如何促进梅花鹿繁衍，增加梅花鹿的种群数量。

 指导提示

（1）提问学生对东北虎和梅花鹿的了解程度，引出东北虎和梅花鹿的食物链关系。

（2）提问学生：如果梅花鹿减少，东北虎的生存将面临怎样的困境？引出梅花鹿野化增值，即人为帮助梅花鹿种群恢复。

 辅助教具和资料

PPT、视频及相关材料。

（二）活动展开

环节一　野化增殖（5分钟）

§ 引导语：

同学们，今天我们将通过一个有趣的游戏，来了解东北虎与梅花鹿之间的关系。

任务

教师介绍游戏规则。

目的

帮助学生了解游戏规则。

步骤

介绍游戏规则。

（1）进行抽签分组。

（2）抽到东北虎的同学占领活动领地（以4张报纸铺成东北虎的栖息地），每块栖息地代表东北虎实际领地面积1 000平方千米。

（3）场景一：一块栖息地上分布1只东北虎、1~2只梅花鹿，东北虎每次扑食 1 只梅花鹿，全年扑食 50 只梅花鹿，由此引出食物对东北虎的影响。

以 1 分钟代表东北虎 1 周扑食 1 次，如果领地内有足够的梅花鹿，东北虎只能不断扩大领地寻找猎物或迁出栖息地，如果找不到猎物，东北虎将面临饿死的风险。

（4）场景二：驯养梅花鹿，野化后放到东北虎栖息地，每个栖息地野放梅花鹿 3~5 只。东北虎猎物增加，生存压力减小。

（5）游戏时间为 5 分钟一回合。全班分为两个组，老师分别给两组同学当裁判。也可视学员数量适当增加时间或增加分组。

指导提示

（1）帮助学生认识到大自然中生物之间的关系是相互依存的。

（2）让学生了解游戏规则，明确游戏应该如何进行。

辅助教具和资料

PPT、背景音乐、游戏介绍。

环节二 进行游戏（15 分钟）

背景（情景）

学生已经熟悉了游戏的规则。

（1）进行抽签分组。

（2）抽到梅花鹿的学生选择 1 块栖息地，根据栖息地环境的不同，其中 1 块栖息地分布 1~2 只梅花鹿，另一块栖息地分布 5~6 只梅花鹿，每块栖息地各分布 1 只东北虎，模仿东北虎捕食（1 周捕食 1 次，1 次捕食 1 只梅花鹿）。分布梅花鹿较少的栖息地中，东北虎捕食 1~2 次后，迁出栖息地，游戏结束。

（3）游戏每回合 5~10 分钟，共进行 2 轮。

任务

学生分为两组，完成游戏。

> 🔗 **目的**
>
> 通过游戏体会生态平衡与食物链的重要性。
>
> ⌲ **指导提示**
>
> 帮助学生认识到大自然中生物之间的关系是相互依存的,梅花鹿在东北虎生存繁衍中起到重要作用。
>
> ⌲ **辅助教具和资料**
>
> 抽签用的卡片,梅花鹿、东北虎的头饰,背景音乐。

环节三 救护繁育基地现场观察

> 🔗 **背景(情景)**
>
> 让学生实地观察梅花鹿,了解野化驯养。
>
> 🔗 **任务**
>
> 将学生分为两组,进入基地,饲养梅花鹿,近距离观察梅花鹿。
>
> 🔗 **目的**
>
> 让学生观察梅花鹿的生存环境和活动方式,亲近自然,亲近野生动物,让学生意识到保护生态环境和野生动物应该从我做起。
>
> ⌲ **辅助教具和资料**
>
> 防护用品、玉米(投食)、车辆等。

(三)活动总结

总结游戏活动带来的思考(5分钟)

> 🔗 **背景(情景)**
>
> 学生完成了游戏。

任务

教师带领学生进行思考和总结，谈一谈感受和想法。

目的

通过游戏和活动，帮助学生深刻地认识到生态平衡和食物链的重要性。

步骤

（1）问题1：刚才的活动中最开心的事情是什么？最不开心的事情是什么？

（2）问题2：这个游戏有没有输赢之分？你们是怎么看待这个问题的？

（3）问题3：栖息地、梅花鹿、东北虎之间有着怎样的关系？东北虎和梅花鹿的数量怎样才是合适的？

指导提示

引导学生通过游戏进行思考，认识到生态环境中单一物种的过度繁衍会破坏生态平衡和食物链。

辅助教具和资料

PPT、问题材料。

六、效果评估

（1）让学生学会用科学的眼光去看待生态平衡的问题。

（2）学生通过参与游戏，体会到一种生物的数量增加或减少，会对其他生物的数量造成影响。

（3）学生能够提出保护食物链、维护生态平衡的想法。

七、安全提示

（1）游戏最多参与人数为30人，避免过度拥挤，出现安全事故。

（2）让学生明白游戏不是在比赛，应遵守公平的游戏规则。
（3）注意游戏前后组织学生进行思考和交流。

八、背景资料

（一）东北虎豹国家公园管理局汪清分局简介

该基地是东北虎豹国家公园内唯一一个半野化的梅花鹿繁殖种源基地，通过野化训练，恢复梅花鹿野生条件下的采食和繁殖能力，将其放归到东北虎豹栖息地，在短时间内提高野外梅花鹿种群的扩散和繁殖能力，进而培育野外能够长期生存的野生梅花鹿种群，满足东北虎对猎物的需求，促进东北虎定居、繁衍。与此同时，依托基地良好条件开展了生态体验工作，让人们体会与野生动物接触的快乐，学习相关的保护知识，对公园开展生态教育、维护生物多样性发挥了积极作用。

（二）梅花鹿简介

梅花鹿（学名：*Cervus nippon*）是一种中小型鹿，体长140~170厘米，肩高85~100厘米，成年体重100~150千克，雌鹿较小，雄鹿有角，一般四叉。背中央有暗褐色背线。尾短，背面黑色，腹面白色。夏毛棕黄色，遍布鲜明的白色梅花斑点，臀斑白色，故称"梅花鹿"。

梅花鹿生活于森林边缘或山地草原地区。季节不同，梅花鹿的栖息地也有所不同。雄鹿平时独居，发情交配时归群。晨昏活动，以青草树叶为食，好舔食盐碱。每胎1崽，幼崽身上有白色斑点。主要分布于中国、日本和俄罗斯。

1. 形态特征

梅花鹿属中型鹿类，头部略圆，颜面部较长，鼻端裸露，眼大而圆，眶下腺呈裂缝状，泪窝明显，耳长且直立，颈部长，四肢细长，主蹄狭而尖，侧蹄小，尾较短。

雌兽无角，雄兽的头上具有一对雄伟的实角，角上共有4个杈，眉杈和主干成一个钝角，在近基部向前伸出，次杈和眉杈距离较大，位置较高，常被误以为没有次杈，主干在其末端再次分成两个小枝。主干一般向两侧弯曲，略呈半弧形，眉叉向前上方横抱，角尖稍向内弯曲，非常锐利。每年4月，雄鹿的老鹿角就会脱落，新鹿角开始生长。新生的鹿角表面由一层棕黄色的天鹅绒状的皮包裹着，皮里密布着血管。进入9月时，鹿角开始逐渐骨化，表皮彻底脱落，硬而光滑的鹿角完全露出。

2. 栖息环境

梅花鹿生活于针阔混交林的山地、森林边缘和山地草原地区，这样有利于快速奔跑。白天和夜间的栖息地有着明显的差异，白天多栖息在向阳的山坡、茅草丛较为茂密的地方；夜间则栖息于山坡的中部或中上部，坡向不定，但仍以向阳的山坡为主，茅草则相对低矮稀少，这样可以较早地发现敌害，迅速逃离。

3. 生活习性

梅花鹿大部分时间结群活动，群体的大小随季节、天敌和人为因素的影响而变化，通常为3~5只，多时超过20只。在春季和夏季，群体主要由雌兽和幼崽组成，雄兽多单独活动。每年8~10月开始发情交配，雌兽发情时发出特有的求偶叫声，大约持续一个月，而雄兽在求偶时则发出像绵羊一样的"咩咩"声。

梅花鹿晨昏活动，生活区域随着季节的变化而改变，春季多在半阴坡，采食栎、板栗、胡枝子、野山楂、地榆等乔木和灌木的嫩枝叶以及刚刚萌发的草本植物。夏秋季迁到阴坡的林缘地带，主要采食藤本和草本植物，如葛藤、何首乌、明党参、草莓等，冬季则喜欢在温暖的阳坡，采食成熟的果实、种子以及各种苔藓地衣类植物，间或到山下采食油菜、小麦等农作物，还常到盐碱地舔食盐碱。

梅花鹿性情机警，行动敏捷，听觉、嗅觉均很发达，视觉稍弱，胆小易惊。由于四肢细长、蹄窄而尖，故而奔跑迅速，跳跃能力很强，尤其擅长攀登陡坡，连续大跨度地跳跃，速度轻快敏捷，姿态优美，能在灌木丛中穿梭自如。

"与虎为伴"
保护野生动物自然游戏活动

••• 陶丹丹　焦林旺

一、活动简介

通过自然教育，让学生了解到野生东北虎的生存现状和野生东北虎数量减少的原因，激发同学们对野生动物的保护意识。使学生形成热爱家乡、保护野生动植物的理念，继而影响周边人群，久而久之，可以实现"无人盗猎、无人下套、治标又治本"，解决虎豹公园野生动物保护问题。

二、活动目的

知识—认知目标： 通过自然教育，讲解野生动物生存环境和生活习性，使学生认识到保护野生动物重要性与乱捕滥猎危害，以及食用野生动物制品的不良后果。

意识—感知目标： 使中小学生形成热爱家乡、保护野生动植物的理念，继而影响周边人群。

态度—价值目标： 正确认识人与野生动物的关系，从而实现人与自然和谐共生。

技能—方法目标： 通过观看野生动物集锦和参与游戏活动，提高学生保护野生动物及其栖息地环境的意识，加强自我保护能力。

参与—行动目标： 使学生愿意从自身做起，参与野生动物保护行动。

三、活动信息

适宜时间：全年。
适宜对象：小学 4~6 年级学生。
适用学科：生物、地理。
活动时长：1 小时。
活动人数：20~30 人。
活动场所：室内/户外。
活动形式：自然游戏。

四、活动资料清单

序号	名称	数量	用途	备注
1	野生动物集锦	6 分钟	帮助同学们认识天桥岭辖区内的野生动物	—
2	标有野生动物的头饰	20 件	游戏中确定角色	—
3	抽签卡片	30 张	帮助学生分组	20 张野生动物，其余 10 张代表人和其他破坏栖息地的行为
4	PPT	一套	帮助学生进一步认识野生动物和生活现状以及野生动物之间的食物链关系、如何保护野生动物的相关知识	—
5	野生动物卡片	20 张	帮助同学们进一步了解野生动物	野生动物集锦中未出现的野生动物
6	沙包	5 个	游戏中道具	代表破坏栖息地的行为
7	围栏	……	……	—

与自然和谐共生
——基于大熊猫国家公园和东北虎豹国家公园中小学自然教育实践

五、内容步骤

（一）引入

天桥岭局野生动物拍摄集锦

情景

播放野生动物集锦（6分钟）。

任务

让同学们认识野生动物。

目的

让同学们了解哪些野生动物与我们是共生的，它们有哪些特点。

步骤

通过播放野生动物集锦，让同学们知道在他们生活的这片土地上有哪些野生动物，它们的特点是什么，它们生活的环境是怎样的？

▸ 指导提示

（1）提问：通过观看集锦，你认为哪种动物会被其他动物吃掉？

（2）提问：同学们还知道哪些野生动物？

（3）思考：如果在这些野生动物生活的地方建造房屋，或是发生火灾等情况，它们会怎么样？

▸ 辅助教具和资料

野生动物集锦、野生动物卡片。

（二）活动展开

动物生存模拟游戏

§ 引导语：

同学们，今天我们将通过一个游戏，来模拟大自然中野生动物的生存现状，看看野生动物为什么会越来越少甚至灭绝。

任务

教师介绍游戏规则。

目的

让学生了认识野生动物和野生动物数量减少的原因，激发同学们对野生动物保护意识。

步骤

（1）进行抽签分组。

（2）介绍游戏规则：围栏外部人员向围栏内部同学投沙包，同时缩小围栏区域或分割围栏区域，被沙包打中的同学被淘汰，最后没被淘汰的3人为获胜者，并给予奖励。

（3）主讲老师宣读活动安全提示及注意事项。

（4）游戏方法：在操场上选择一块空地，用围栏圈起来，被圈起的区域代表野生动物活动区域。20名同学在区域内活动，头戴各种标有野生动物的头饰，代表野生动物。围栏外部由10名同学手拿沙包，沙包分别贴上"建房""建筑公路""盗猎""砍伐树木""自然灾害"等使野生动物栖息地缩小的原因的标签。另选两名同学负责缩小围栏范围，代表野生动物栖息地在不断的缩小和破坏。

指导提示

（1）帮助同学们了解栖息地的破坏、猎捕野生动物等行为给野生动物的生存带来了多大的威胁，甚至会造成野生动物的灭绝。

（2）让同学们了解游戏规则，明确游戏活动应该如何进行。

◎ 辅助教具和资料

抽签卡、围栏、标有野生动物的头饰、沙包。

（三）活动总结

◎ 情景

学生完成了游戏、播放 PPT。

◎ 任务

教师带领同学进行思考和总结，谈一谈感受和想法。

◎ 目的

通过游戏和观看 PPT，使同学们了解保护野生动物的重要性。

◎ 步骤

（1）介绍几种野生动物的特点和生活习性，让同学们进一步了解野生动物。

（2）观看一些破坏野生动物栖息地的图片。

（3）观看野生动物食物链图。

◎ 指导提示

（1）通过这次主题活动你认识了哪些动物？我们为什么要保护野生动物？

（2）你能做到在日常生活中不使用野生动物制品、不食用野生动物吗？请说一说你的做法，并号召身边人一起参与进来。

（3）你长大后想要从事野生动物保护的相关研究工作吗？说说你的理由。

（4）通过今天的活动，不知道同学们有没有什么启发？请大家分享一下，你认为你可以为保护野生动物做哪些事情呢？

（5）请同学们共同说出："保护野生动物，我们在行动！"

六、效果评估

（1）学生可以用科学的眼光去看待生态平衡的问题，认识到保护野生动物的重要性。

（2）学生通过做游戏体会到野生动物越来越少的原因。

（3）学生应了解如何保护食物链和维护生态平衡。

（4）学生应说出自己会如何保护野生动物。

七、安全提示

（1）游戏最多由 30 名同学参加，避免过度拥挤，造成伤害。

（2）注意在组织学生游戏前后进行思考和交流。

八、背景资料

（1）梅花鹿（学名：*Cervus nippon*）是一种中小型鹿，体长 125~145 厘米，尾长 12~13 厘米，肩高 70~95 厘米，体重 70~100 千克。毛色夏季为栗红色，有许多白斑，状似梅花；冬季为烟褐色，白斑不显著。颈部有鬣毛。雄性角长达 30~66 厘米。梅花鹿群居性不强，雄鹿往往是独自生活，活动时间集中在早晨和黄昏，生活区域随着季节的变化而改变，春季多在半阴坡，夏秋季迁到阴坡的林缘地带，冬季则喜欢在温暖的阳坡，主要以草、水果、树芽等为食。梅花鹿种群主要分布在俄罗斯东部、日本和中国，是国家一级保护动物。梅花鹿是东北虎的主要猎食对象。此外，鹿的全身都是宝，经济价值极高，因此成为人们的捕猎对象。鹿血、鹿角等都有很高的药用价值，都是滋补强身的珍品；鹿肉含有高蛋白和低脂肪，是高级食品；鹿皮也可以制造高级皮革。

梅花鹿

（2）中华秋沙鸭（学名：*Mergus squamatus*）为鸭科秋沙鸭属的鸟类，俗名鳞胁秋沙鸭，是中国的特有物种。嘴形侧扁，前端尖出，与鸭科其他种类具有平扁的喙形不同，嘴和腿脚红色。雄鸭头部和上背黑色下背、腰部和尾上覆羽白色；翅上有白色翼镜；头顶的长羽后伸成双冠状，胁羽上有黑色鱼鳞状斑纹。出没于林区内的湍急河流，有时在开阔湖泊成对或以家庭为群，潜水捕食鱼类。分布于西伯利亚以及我国福建、黑龙江、吉林、河北、长江以南等地，主要栖息于阔叶林或针阔混交林的溪流、河谷、草甸、水塘以及草地。中华秋沙鸭是国家一级重点保护动物，因为全球现存数量不到 3 000 只，被世界自然保护联盟（IUCN）列为濒危物种(EN)，有"水中大熊猫"之称。

中华秋沙鸭

（3）黑熊：生活在我国东北地区森林中，体毛粗密，一般为黑色，头部又宽又圆，耳朵圆，眼睛比较小。因为黑熊的视力不好，又称"熊瞎子"。黑熊的口鼻又窄又长，呈淡棕色，下巴则呈白色。黑熊的毛虽不太长，头部两侧却长有长长的鬃毛，让它们的脸显得更加宽大。黑熊身宽体胖，四肢粗短，脖子也短，眼睛又小，给人一种笨拙的感觉。其实，它们的动作相当灵活，因为脚掌硕大，尤其是前掌。脚掌上生有五个长着尖利爪钩的脚趾，能游泳，会爬树，在森林里跑得也不慢。黑熊的力气特别大，可遇到敌人时，却总是主动跑开。不过，若惹恼了它，它会变得很凶猛，一巴掌就可以拍死一头牛。

黑熊

（4）獐，又名河麂、牙獐，隶属于哺乳纲偶蹄目鹿。科獐属，被列入世界自然保护联盟(IUCN)濒危物种红色名录易危(VU)级别。由于近年来生存环境改变和人类捕猎，我国野生獐的数量显著下降，且分布地区也急剧缩小，多分布于长江下游及其相连的湖泊系统。2019年12月5日，东北虎豹国家公园天桥岭分局辖区内拍摄到一段獐的视频。这是东北虎豹国家公园区域首次记录到这种珍稀物种，同时也是迄今为止该物种的最北记录点。

与自然和谐共生
——基于大熊猫国家公园和东北虎豹国家公园中小学自然教育实践

獐

人类活动对大自然的破坏，导致生态严重失衡，野生动物的生存环境面临着各种各样的威胁。近 100 年来，物种灭绝的速度已超过自然灭绝速度的 100 倍，现在每天都有 100 种生物从地球上消失，我国也已有 10 多种哺乳类生物灭绝，还有 20 多种珍稀动物濒临灭绝，而它们的灭绝所造成的损失是无法挽回的。

拒食野生动物海报

野生动物体内携带许多病毒，由于平时人类与野生动物没有接触，一般不会对人造成危害。一旦人类频繁地与野生动物接触、食用野生动物，野生动物身上的细菌、病毒和寄生虫就有可能传给人类。而且人类特别容易感染野生动物携带的细菌、病毒、寄生虫，因此造成了传染性强、病死率高的后果。

自然界中的食物链是环环相扣的，形成了大自然中"一物降一物"的现象，维系着物种间天然数量的平衡。例如，植物长出的叶和果为昆虫提供了食物，昆虫成为鸟的食物源，鸟成了鹰和蛇的食物，有了鹰和蛇，鼠类才不会成灾……当动物的粪便和尸体回归土壤后，土壤中的微生物会把它们分解，为植物提供养分，使其长出新的叶和果。就这样，生物链建立了自然界物质的健康循环。动物们就是保护地球的一根根链条，是支撑地球生命的铁环，如果这根链条中少了一种动物，那么链条随时可能断裂，人类也就会走向灭亡。

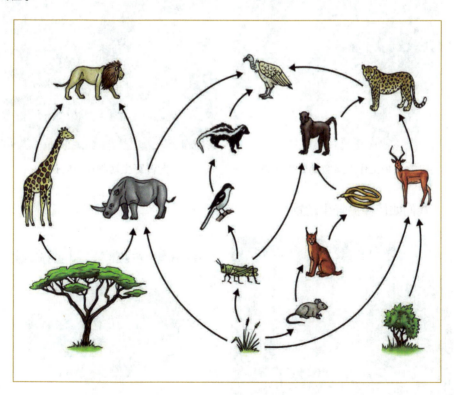

自然界中的食物链

与自然和谐共生
——基于大熊猫国家公园和东北虎豹国家公园中小学自然教育实践

我们的保护工作人员是如何保护野生动物的?

动物保护工作人员清除猎套

动物保护工作人员为野生动物增添过冬食物

动物保护工作人员救助野生动物

宣传野生动物保护知识

我们如何保护野生动物?

不要乱砍滥伐林木

不乱捕滥杀野生动物

不要随意堆放垃圾

不参与非法买卖野生动物

见到违法捕猎者立即向有关部门反映

不要滥用农药和杀虫剂

"秘境寻虎"
虎文化自然教育活动

●●● 徐春梅　史　晔　张明霞　李　刚　郭玉荣

一、活动简介

东北虎是生物多样性保护的旗舰物种，是世界珍稀濒危野生动物，国家一级保护动物，是温带森林生态系统健康的标志，保护价值和生物学意义巨大。保护好东北虎就能控制野猪、鹿等动物，使它们不至于泛滥成灾，危害植物和庄稼。一方面，保护野生东北虎也是保护它的猎物，这也是保护好它们生存环境中的野生植物，所以保护野生东北虎也是保护森林生态平衡。通过活动，使参与者认识东北虎、了解虎文化、了解虎在人类文明中的重要地位；讲好东北虎文化的故事、传播好东北虎保护的重要声音、阐发虎文化是生态文化的重要内容，可以展现人与自然和谐共生的良好局面，虎保护生态文化是生态文明不可或缺的一部分。另一方面，通过虎文化丰富的内容可以培养小朋友的想象力、创造力、动手能力。探寻虎豹秘境走进大自然，在探索大自然的奥秘中，发挥想象力，开展自然绘制活动。

二、活动目的

让参与者了解虎文化以及虎在生态文明中的重要作用，提升参与者的环境素养，增强责任感，从而参与到保护行动中。

知识—认知目标：了解自然、人、虎三者之间的紧密关系。通过在自然中的实践，让参与者认识自然、了解自然。

意识—感知目标：促进参与者加强对自然环境的感知力，引导参与者更

加自觉地尊重自然、保护自然。

态度—价值目标： 正确认识人、环境、虎之间的关系，强调人与自然和谐共生的价值观导向，这是自然教育的有效途径，倡导人与自然和谐关系。

技能—方法目标： 从自身做起，锻炼保护环境的技能。

参与—行动目标： 通过这样的自然观察、自然体验等方法，也能帮助参与者建立"人与自然""人与人""人与自我"之间三重关系的提升，积极参与环境保护和宣传。

三、活动信息

（徐春梅摄）
冬季景色

适宜时间： 夏季、冬季最佳。

夏： 6—8月暑假。

冬： 12月至次年2月寒假。

适宜对象： 5~10岁幼儿园大班和小学生。

适用学科： 生物、地理、人文（历史）、音乐、美术等。

活动时长： 3小时。

活动人数： 30个孩子（或10个家庭）以内。

活动场所： 户外——虎豹公园东宁局朝阳沟林场片区补饲点，室内——林草局一楼自然教育教室。

与自然和谐共生
——基于大熊猫国家公园和东北虎豹国家公园中小学自然教育实践

（徐春梅摄）
室外补饲点

活动形式：自然观察、自然体验、自然游戏、自然艺术。

四、活动资料清单

序号	名称	数量	用途	备注
1	国家公园主题曲《最珍贵的你》视频资料	1份	认识国家公园	—
2	《虎》动画视频资料	1份	《虎食物链》游戏	—
3	《虎》角色抽签卡	10张	《狐假虎威》游戏	—
4	《虎》模拟道具	10份	《给老虎一个安全的家——国家公园》游戏	—
5	丙烯水彩笔	12份	绘画	—
6	小石头	12个	石头树叶画虎	—
7	A4纸	12张	树皮临摹画虎	备选方案

五、内容步骤

（一）引出活动

（1）通过中国国家公园主题曲《最珍贵的你》引出今天的主题——探

索虎豹秘境、关注生态文明。

（2）讲述国家公园坚持绿色发展，坚持人与自然和谐共生的生态文明思想。

（3）了解生态环境中自然、人、虎三者之间的紧密联系。

（二）活动展开

由《虎食物链》中虎和虎的食物引发的问题

（徐春梅绘）
虎食物链

食物链也叫"营养链"。生态系统中各种生物为维持其本身的生命活动，必须以其他生物为食物，这是由食物联结起来的关系。这种摄食关系，实际上是物质能量通过食物链的方式流动和转换的方式。

一个食物链一般包括3~5个环节：一个植物、一个植食动物和一个或更多的肉食动物。食物链中不同环节的生物数量相对恒定，以保持自然平衡。

▸ **活动流程**

🔗 **情景**

播放《虎》动画视频。

🔗 **任务**

让参与者思考中国虎文化的内容。

与自然和谐共生
——基于大熊猫国家公园和东北虎豹国家公园中小学自然教育实践

目的

让参与者认识到东北虎文化在生态文化中的重要位置,传播虎文化,也是东北虎保护的一个重要内容。如果老虎没有了,这个地区的树会越来越少,会破坏动物的栖息地,还会给人类自身带来危害。认识栖息地(虎豹国家公园)对东北虎保护的重要性。

步骤

(1)通过观看《虎食物链》让参与者知道"保护东北虎就是保护生态环境"。

虎是处于食物链金字塔的顶端的食肉性动物。食肉的老虎作为顶级消费者,直接或间接地控制着植食性的初级消费者,对生态系统稳定起着极为重要的作用。它的生存环境和数量将直接影响下级动物的数量和发展,尤其是大型的植食动物的数量。

(2)让参与者思考:如果我们一直无节制地砍伐树木会怎样?

指导提示

(1)询问参与者是否喜欢看《虎食物链》。
(2)思考:如果动画的情景真实存在,会出现什么情况?

辅助教案和资料

《熊出没》中光头强大量砍伐树木之后森林的状态的图片。

（三）活动开展

（徐春梅摄）
活动现场

环节一　介绍游戏规则（10分钟）

活动流程

§ 引导语：

同学们，今天我们将通过一个游戏，来模拟生态系统中自然、人、野生动物三者之间的关系。

任务

由教师介绍游戏规则。

目的

帮助参与者了解游戏规则。

步骤

向参与者介绍游戏规则。

（1）通过抽签，来决定参与者所扮演的角色。

（2）抽到大树的参与者，每人站在一个方格里①，每砍伐一个方格里的大树，就会有一只虎死掉②。

---

① 一个方格代表400平方千米，是一只雌虎的活动范围。
② 栖息环境遭到破坏也是野生东北虎濒临灭绝的原因之一。

（3）分两种角色：盗伐者和盗猎分子。

（4）可以一起合作，也可以单独行动。

◈ **指导提示**

（1）帮助参与者了解现实生态系统中，自然、人、野生动物三者之间的紧密联系。

（2）让参与者了解游戏规则，并进行游戏。

◈ **辅助教具和资料**

由教师介绍游戏规则。

环节二　进行游戏（25分钟）

◈ **活动流程**

情景

参与者了解游戏规则。

任务

游戏分成3次进行，让参与者扮演各种角色。

目的

通过游戏，使参与者了解生态文明中，人与自然和谐共生的重要性。

◈ **指导提示**

通过游戏，让参与者了解人在生态平衡中的重要作用，因此树立生态保护意识十分重要。

◈ **辅助教具和资料**

抽签用的卡片、树、虎的面具、人（盗猎者的模拟道具，如猎套。盗伐者的模拟道具，如油锯）、背景音乐。

环节三 发挥想象力绘制树叶石头画虎

冬季可改成树皮临摹石头画。

（徐春梅绘）
石头画

（徐春梅绘）
树叶画

（四）活动总结

总结游戏带来的思考（5分钟）

情景

参与者顺利完成了游戏。

任务

教师带领参与者思考、总结，谈一谈感受和想法。

目的

通过游戏帮助参与者深刻理解生态文明的重要性，树立人与自然和谐共生理念。

步骤

（1）刚才的游戏中有哪些开心和不开心的事情？

（2）怎么看待这个游戏的胜负，有什么感受跟大家分享。

（3）你认为大自然、人和动物之间有哪些关系？如果像盗猎和盗伐这样的人多了，会有什么后果？

（4）我们自己应该怎样做？

与自然和谐共生
——基于大熊猫国家公园和东北虎豹国家公园中小学自然教育实践

> **指导提示**
>
> 引导参与者通过游戏来思考,如何通过自然教育,让参与者认识生态文明的价值观;如何让参与者养成生态文明的生活方式;如何让参与者学习生态文明的科学知识。明白人在生态系统中的社会价值和重要作用,以及自身应该怎样实现生态文明。
>
>
>
> (东宁市林草局供)
> 宣传牌

六、效果评估

(1)让参与者学会用科学的眼光去看待生态文明,了解虎豹国家公园建设的重要性,理解生态文明建设的意义,通过自然教育,让参与者认识生态文明价值观。

(2)让参与者通过游戏,真实地体会到在人与自然和谐共生的关系中,人起到决定性作用,推动参与者养成生态文明生活方式。

（3）让参与者自己提出，保护生态环境、保护野生动物的想法。学习生态文明科学知识，并积极宣传、带动身边的人，一起参与生态环境保护行动，构建生态文明社会。

七、安全提示

（1）野外注意脚下安全如蛇虫鼠蚁，扎紧腰带、裤脚、衣袖、防范蜱虫，别掉队。因参与者多为低龄学生，建议一对一看护。

（2）游戏中最多 10 人参与，提醒参与者在游戏过程中不要嬉戏打闹，不要拥挤，防止发生磕碰。

（3）开始前提醒参与者带着问题玩游戏，鼓励独立思考，并在结束后交流感受。

八、背景资料

大自然是人类赖以生存发展的基本条件。建设生态文明，是中华民族永续发展的千年大计，关系人民福祉，关乎民族未来，功在当代，利在千秋。面对资源约束趋紧、环境污染严重、生态系统退化的严峻形势，必须树立尊重自然、顺应自然、保护自然的生态文明理念，把生态文明建设放在突出地位，融入经济建设、政治建设、文化建设、社会建设各方面和全过程，努力建设美丽中国，实现中华民族永续发展。牢固树立和践行"绿水青山就是金山银山"的理念，站在人与自然和谐共生的高度谋划发展。

"与虎同行"
守护虎豹家园实践活动

●●● 史 晔 徐春梅 张明霞 李 刚 郭玉荣

一、活动简介

未来的东北虎保护研学方式,将不再以目的地为导向,而是以生境为导向。我们将打开一份自然生境图,走进中国的国家公园,规划"与虎同行"守护虎豹家园的实践活动,让孩子们在东北虎豹国家公园,了解国家公园的定义,即由国家批准设立并主导管理,以保护具有国家代表性的自然生态系统为主要目的,实现自然资源科学保护和合理利用的特定陆域或者海域,国家公园是我国自然生态系统十分重要、自然景观十分独特、自然遗产十分美丽、生物多样性十分丰富的地方。通过天地空一体化监测系统,实时观看野生动物,感知自然界美好。

首先,利用道具"老虎面具"让学生画出印象中老虎的样子,随后让他们戴上面具,用老虎的方式打招呼。

其次,教师用照片展示真实老虎的样子,并讲述老虎脸部、身体纹路特点以及东北虎的生活环境、习性、分布特点,说明俄罗斯也是东北虎的栖息地,东宁市正处于中俄交界,是东北虎过往的重要廊道。

通过游戏"编织生命之网",使学生了解食物链,了解栖息地和国家公园,使其了解旗舰物种东北虎保护的重要意义、东北虎面临的威胁及原因,如食物短缺、非法猎套、栖息地被破坏等。

（史晔摄）
活动现场

最后，让孩子们参观清缴的猎套和盗猎工具，观看女子巡护队的日常工作，包括巡护、清理猎套、远红外相机架设、野外补饲等。讲述真实案例，让孩子们了解下套、盗猎的危害及相应的处罚。使其树立守护虎豹家园的责任感和使命。

二、活动目的

2021年10月12日，我国正式设立第一批国家公园，其中，东北虎豹国家公园入选五个国家公园中的一个，由此开启了中国国家公园的时代。由此，我们正在创造属于中国孩子的"黄石记忆"。

走进东北虎豹国家公园，和我们的专家、老师、管理人员一起，了解国家公园的保护模式，通过天地空一体化监测系统，观测各种东北虎豹影像，学习如何通过野外的影像资料判断野外东北虎豹的数量，并进行其他分析，了解生态廊道对于东北虎豹的意义，了解我国为什么要建立国家公园。

知识—认知目标： 了解中国野生虎的分类、分布情况及其基本生态知识和活动规律。认识东北虎豹国家公园是重要的自然生态生境。

意识—感知目标： 提高野生动物保护意识。了解东北虎豹的迁徙史，明白生物多样性和生境的密不可分的关系，以及人类活动可能对于野生动物极其生存环境的影响。

态度—价值目标：正确认识人与自然和谐共生。我们希望每一个孩子都能成为生态廊道的共建者，因为这条廊道就是东北虎豹的生命走廊和迁徙之路。我们希望每一个孩子都能了解地球是一个命运共同体。

技能—方法目标：提升动物保护能力。学会设置红外相机和使用野外GPS，了解在野外如何辨别定向。

参与—行动目标：积极参与野生动物保护行动。和巡护员一起，行走在野外的巡护之路；寻找和分辨野生动物的痕迹；清除猎具、猎套；为有蹄类动物补饲；聆听巡护员的巡护故事。

三、活动信息

适宜时间：全年皆可，夏冬最佳。
适宜对象：小学生，可以延展为带小学生的亲子家庭。
适用学科：美术、环保、动保。
活动时长：2~4小时。
活动人数：10人起。
活动场所：室内户外结合。
活动形式：自然观察、自然体验、自然游戏。

四、活动资料清单

序号	名称	数量
1	面具、水彩笔	10套
2	宣传片	5分钟
3	展示厅	1处
4	红外相机监测点	1处
5	补饲点	1处
6	绳子	1根

五、内容步骤

（一）引出活动

通过绘画了解东北虎的习性、分布等（10分钟）

🧭 活动流程

🔗 背景

画出心目中的老虎。

东北虎全身布满黑色的条纹，前额上的数条黑色横纹，中间连通，形象极似"王"字，因此有"丛林之王"的美称。东北虎的毛发数量非常多，它厚厚的皮毛能抵御 −45 摄氏度的低温。

🔗 任务

让学生了解东北虎。

老虎的爪子：前足有 5 个脚趾，后足有 4 个脚趾。趾端连有坚硬锐利的虎爪，爪子的长度为 80~100 毫米。

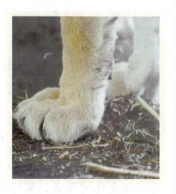

东北虎的爪子

虎爪也是捕杀猎物的有力武器，一爪下去可将猎物撕得皮开肉绽。因此，虎对自己的前爪特别精心地保护，它会时常清理，用舌头将其舔舐得干干净净，以保护虎爪的锋利，这样才能更有效地捕杀猎物。并且虎爪能自由伸缩，在行走时爪缩回爪鞘，避免摩擦地面。

虎爪也像人的指甲一样不断地生长，为了自身的行动方便，防止虎爪刺破掌垫造成行动困难，因此虎有抓的习惯。

老虎的耳朵：老虎具有猫科动物的明显特征，耳朵短而圆，耳背为黑色，中央有一块白斑，这是老虎特有的标志和警戒色，也是夜晚在丛林中幼虎跟随母虎的标记。

与自然和谐共生
——基于大熊猫国家公园和东北虎豹国家公园中小学自然教育实践

老虎最发达的感觉器官是它那听力非常敏锐的耳朵,虎凭借发达的听觉能力,能够捕捉到森林中最微妙的声音,感觉出自然界发出的种种声响,一旦分辨出它所喜爱的猎物声音,虎耳会立刻转向发出响声的方向,神情也跟着变得专注起来。

东北虎的耳朵

在野外的森林中,老虎能听到 2 千米以外动物的叫声。

另外,虎在相互打斗或发现猎物准备进攻时,两只耳朵都会背过去,两块白斑向前,使其他动物望而却步。

东北虎的眼睛

老虎的眼睛:由于虎最频繁的活动时间在傍晚或黄昏,因此造就了虎有极佳的夜视能力。老虎的眼球呈黄褐色,瞳孔呈圆形(白虎眼睛为蓝色)。

它可根据光线的强弱扩大或缩小眼球,四周眼睑为黑色的软组织,外围有圈白毛。

因为长期适应,视网膜上的光线能够在通过反射膜时被第二次反射,所以老虎的夜视力特别好,为人类的 6 倍。

如果夜间有灯光照射,一双虎眼会呈现出鲜艳的绿色反光,很远就可以看到。

老虎的舌头:老虎的舌头结构比较特殊,成年虎舌头长约 30 厘米,正面布满角质化的倒刺,它不仅是味觉器官,同时还起着饮水、舔舐、调节体温的作用。

东北虎的舌头

在某种程度上,它相当于人类的双手,尤其在母虎产崽、哺乳时,舌头的功能发挥得更加淋漓尽致。此时母虎的舌头竟能起到抚摸和照顾幼崽的作用。它先把刚出生的幼虎身上的血迹、胎液全部舔干净,又把幼虎的胎毛舔干。平日,母虎还经常舔幼崽,刺激幼虎生长、发育、胃肠蠕动、排泄等。

"与虎同行"
守护虎豹家园实践活动

目的

了解东北虎的基本知识。

虎的领地：领地的大小取决于那里所有可食的猎物的数量。如果猎物充足的话，一只雄虎的势力范围大约在55平方千米，雌虎也有45平方千米。

对自己的领地，雄虎比雌虎更认真。当雄虎和雌虎巡视领地时，会举起尾巴将有强烈气味的分泌物和尿喷在树干上或灌木丛中，作为标记。有时也会用锐利的爪子在树干上抓出痕迹，以界定自己的势力范围。

东北虎捕食

老虎的生存环境：老虎是典型的林栖独居动物，所有的野生老虎都生活在亚洲，它们多栖息在针阔叶林或阔叶林的山岩间，或高草、灌木丛中，或上坡等地区，不喜欢开阔的草原，所以一般情况下，人们很难目睹野生的虎。东北虎多栖居于森林、灌木和野草丛生地带。

步骤

绘画。

指导提示

每只老虎身上的纹路都不同，一只老虎身上有超过100条的纹路。

与自然和谐共生
——基于大熊猫国家公园和东北虎豹国家公园中小学自然教育实践

🧭 辅助教具和资料

利用道具老虎面具，让学生画出印象中老虎的样子，戴上面具用老虎的方式打招呼。教师用照片展示真实老虎的样子，并讲述老虎脸部、身体纹路特点。

一只成年的老虎有30颗很大的牙齿。虎的牙齿像一把锋利的尖刀，各司其职，上下4颗长3~5厘米的犬齿粗壮有力，可以将野猪等大型动物的颈椎和脊椎咬断，也可咬住喉部，将猎物的气管切开。上下颌各有6颗门齿，用于撕咬猎物的皮毛和拉扯，托运猎物；还有14颗白齿，用于切断猎物，它的咬合力非常强，可达400千克。

东北虎的牙齿

东北虎的尾巴

虎的尾巴有特殊的功能。虎尾是由25~30节尾椎骨组成的，虎的尾部有1米左右，大约是虎体长的一半。尾巴上有黑色的环纹，尖端为黑色，传说尾巴是它自身的防御武器，但科研人员长期观察发现，虎尾巴的主要功能还是调节，当老虎在高速奔跑并转变方向时，虎尾巴帮助它保持平衡和控制转向。仔细观察虎尾巴的动向，便能分析此时虎所处的状态和心情：如果尾巴微微翘起，并不停摆动，还伴有低沉的吼声，这是危险的信号，此时它已处于戒备状态，不允许靠近，否则会遭到攻击；如果尾巴轻轻摆动，并伴有"喷喷"的鼻音，那是表现亲昵、友好的意思。虎在休息时，尾巴还起到拍打蚊虫、防止叮咬的作用。此外，有时虎也用尾巴与其伙伴交流。

（二）活动展开

环节一　观看宣传片（5分钟）

　活动流程

　§ 引导语：

今天我们看一下东北虎豹国家公园宣传片、东宁分局宣传片及东宁分局所拍摄到的野生动物集锦。

东宁分局拍摄的野生动物集锦

环节二　介绍游戏规则（5分钟）

　活动流程

　§ 引导语：

今天我们通过一个游戏来思考一下，老虎那么凶猛，但我们为什么还要保护东北虎？

　任务

教师介绍游戏规则。

与自然和谐共生
——基于大熊猫国家公园和东北虎豹国家公园中小学自然教育实践

目的

帮助学生了解游戏规则。

步骤

介绍游戏规则：

让同学们站成一个圈，教师拿着绳子站在圆圈外缘说："谁能说出一种本地的植物？谁能说出一种动物以这种植物为食物？谁能说出一种动物以这种动物为食物？"就这样，根据剩下同学们的相互关系用绳子把他们连在一起，编织"生命之网"。

为了证明每个个体对整体的重要性，假设一个情景。例如，森林火灾烧毁一棵树，这时树倒下，就会猛地拉他抓住的绳子，任何感受到绳子张力的人都因此体验到了树的死亡而带来的影响，接着，受到影响的人会挣扎拉扯，从而牵动其他成员。如此下去，最终所有成员都会因为这棵树的死亡而受到影响。

（史晔摄）
体验活动

指导提示

（1）帮助学生了解食物链，认识大自然中生物之间的关系是相互依存的。

（2）东北虎以捕食活食为主，其食物主要是野猪、马鹿、狍子和原麝等动物。

（3）夏季，老虎也吃些酸甜的浆果，并非绝对不食素。

（东宁市林草局红外相机摄）
梅花鹿群

> 🧭 **辅助教具和资料**
>
> 绳子。

环节三　参观清缴猎套和盗猎工具

了解或参观女子巡护队进行日常巡护，清理猎套，架设远红外相机，野外补饲。通过讲述真实案例，明确下套、盗猎危害和相应的处罚。

（东宁市林草局供）
巡护

> 🔗 **目的**
>
> 了解东北虎面临的威胁及现状（食物短缺、非法猎套、栖息地被破坏等）。

与自然和谐共生
——基于大熊猫国家公园和东北虎豹国家公园中小学自然教育实践

（三）活动总结

总结活动带来的思考（5分钟）。

活动流程

背景

学生完成游戏及体验活动。

任务

带领学生进行思考和总结，谈一谈感受和想法。

目的

通过游戏及体验活动，帮助学生深刻认识到生态平衡和保护东北虎的重要性。

保护老虎这个问题是和东北虎位于食物链顶端的重要生态位置密不可分的。

东北虎是旗舰物种、国家一级保护野生动物，是森林中的顶级捕食者，具有很重要的作用和保护价值，保护好老虎就能控制野猪、鹿等动物不至于泛滥成灾，危害植物和庄稼。

另外，保护野生东北虎就要保护它的猎物，保护它的猎物就是保护野生动物的栖息环境，所以保护野生东北虎对保护森林生态，维护生态平衡非常重要。

建立国家公园的重要性：以东北虎豹为例，近年来野生东北虎、东北豹种群恢复较快，栖息地已扩展超过了1万平方千米，原有的各类自然保护地只保护了野生东北虎豹栖息地的39%，建立东北虎豹国家公园后，保护了90%以上的栖息地，使野生东北虎豹的进入、定居、繁殖和扩散通道都得到了系统保护，生态过程更加完整。

步骤

（1）今天的活动中，你印象最深的环节是哪个？

（2）通过今天的活动，你怎么看待人与自然和谐共生？

（3）通过今天的活动，我们该怎样保护东北虎？

指导提示

千百年来，它们曾经是这里的王者，但是为了生存，远走他乡。今天，我们重建生态廊道，迎接王者回归，让我们"与虎同行"守护虎豹家园。

引导学生通过游戏及体验活动思考保护东北虎的重要性。引导学生关注东北虎保护并将感受分享给身边人，号召学生加入野生动物保护志愿者行列。

六、效果评估

（1）学生学会栖息地和建立国家公园的重要性。

中国历史上，东北虎诸山皆有之，现今，东北虎仅分布于黑龙江省和吉林省东部山区，在黑龙江省的完达山林区、老爷岭林区、张广才岭林区和小兴安岭林区有为数不多的东北虎，由于这些分布区与俄罗斯和吉林省交界，部分个体在三地相互迁徙。因此，保护栖息地和建立国家公园对保护东北虎是非常重要的。

（2）学生通过参与游戏体会到老虎生存遇到的困难的同时也会明白老虎在整个系统中起到了至关重要的作用。

旗舰物种译自"flagship species"，指某个物种对社会生态保护力量具有特殊号召力和吸引力，可促进社会对物种保护的关注，是地区生态维护的代表物种。

（3）学生能够提出保护生态环境的想法。

野生动物作为生态系统的重要组成部分，对维持生态平衡、维护生物多样性起到了关键性的作用，保护野生动物是建立可持续发展社会，建立环境友好型社会，加强生态文明建设的重要组成部分。

七、安全提示

（1）学生乘车以及徒步旅行中应注意人身安全。

（2）林区出行，要注意着装问题，鞋子应选择舒适、没有网眼的运动鞋，服装应选择徒步及登山的运动休闲装。

探秘虎豹公园
——小红松大智慧

••• 李 薇　庄焕彰

一、活动简介

红松是极珍贵的自然遗产，是第三纪留下的孑遗物种。阔叶红松林保存了第三纪植物群落的古老结构特征，东北顶级生物群落的标志，红松阔叶林也是我国东北虎、东北豹及其猎物最主要的栖息地。

穆棱六峰山国家森林公园的天然红松母树林是东北虎豹国家公园内原始森林保存最完好的自然景观。走进原始红松母树林，通过认识红松的形态了解红松生长环境，学习红松的生活史，感受红松伟大的生存智慧，了解红松阔叶林对整个生态系统的意义。

二、活动目的

知识—认知目标：认识红松的树皮、果实特征。
意识—感知目标：了解红松的生长习惯和生存历史。
态度—价值目标：明确人类与自然的关系、爱护环境的意义。
技能—方法目标：辨识树种，认识红松阔叶林对东北虎豹及其猎物的意义。
参与—行动目标：感受红松的生存智慧，学习厚积薄发的精神。

三、活动信息

适宜时间：春季、夏季、秋季。

适宜对象：小学 4~6 年级学生及亲子家庭。
适用学科：综合实践活动课等。
活动时长：2 小时。
活动人数：10~20 人。
活动场所：六峰山国家森林公园红松母树林观光栈道。
活动形式：自然观察、自然体验、自然游戏。

四、活动资料清单

序号	名称	数量	用途
1	眼罩、口哨	20 个	触摸游戏
2	植物拓印纸、蜡笔	20 组	拓印游戏
3	红松果实	5 粒	认识红松种子
4	灰松鼠、星鸦卡片、红松、白桦、紫椴、冷杉卡片东北虎、豹、有蹄类动物卡片	—	了解红松种子的传播过程、认识红松阔叶林内的树种、认识虎豹公园内的动物；了解红松阔叶林对东北虎豹国家公园的重要性
5	环保垃圾袋	30 个	爱护环境，带走垃圾
6	驱蚊水、应急包	—	户外应急准备

五、内容步骤

（1）感受自然。走进原始红松母树林，闭上眼睛聆听大自然的声音，分辨鸟叫、虫鸣、风声、树叶声，闻松香阵阵、沁人心脾，享受大自然的清新。

（穆棱局供）
原始红松母林

（2）触摸游戏。到达活动地点后，小朋友两两一组，一人蒙上眼睛，另一人做引路人。引路人指引蒙眼睛的小朋友走到大树前，通过感官去认识红松树皮特点，也可通过触摸苔藓、石头、树根、泥土等，了解树林中的生存环境。通过聆听完成任务，能够很好地调动听觉和触觉感官，并使同伴间快速建立信任。

互动游戏能够快速让小朋友进入主题，并放松下来，为下一项的观察活动做好准备。

触摸游戏

（3）观察活动。讲解红松的基本形态，观察叶针、球果形状。将拓印纸放在树皮上，用铅笔描下树皮的样子，写下采集信息，制作红松树皮拓片。低年级同学可使用蜡笔拓印、树叶拼贴等形式作一幅植物画作。

观察活动

（4）通过卡片讲解，了解红松的生活史和生存智慧。拿起动植物形象纸板，讲解红松种子的生长和种子传播，红松从幼年至成年的生长历程，以及红松在死亡后为其他树种做出的营养贡献、红松在整个生态系统中不可或缺的作用。通过讲解加深孩子们对红松生存智慧的了解，以及红松阔叶林生境对东北虎豹及其猎物的意义。

（5）由于母树林栈道远离生活区，参加活动的同学可能会有用过的卫生纸、水瓶等垃圾，同时，之前的拓印游戏也有可能产生垃圾，活动结束后，可一同收集垃圾，共同树立保护环境、保护森林的意识。

六、效果评估

（1）使参与者了解红松及其生活史；
（2）使参与者了解红松的生存智慧；
（3）红松阔叶林对东北虎豹国家公园的重要性；
（4）了解生态文明理念：尊重自然、顺应自然、保护自然，做生态文明的践行者，做虎豹公园的小小志愿者。

七、安全提示

（1）工作人员提前对活动场地进行安全评估，了解环境中可能存在的所有风险，准备好对应的措施。
（2）出发之前进行注意事项学习，让孩子们自己也能够识别和判断风险。
（3）队伍前中后部分均有工作人员护航，预防蛇、虫等危险生物因素，保证自然教育活动的安全。

八、背景资料

（一）红松简介

红松，松科松属，常绿乔木，叶五针一束，雌雄同株，国家二级保护树种，最长可活700余年，是天然的栋梁之材。

红松主要分布在中国、俄罗斯、朝鲜及日本的部分地区。在中国，天然红松集中分布于东北的长白山和小兴安岭地区，是东北天然林的建群树种。红松树体高大，高可达40米，树干通直、粗壮、圆满，树冠层叠，色泽翠绿，形态优美壮观。

（二）红松的生存智慧

东北大地是中国唯一生长有大片红松的地方，高大的树木是森林的灵魂，它们为飞禽走兽提供藏身的洞穴和筑巢的枝丫，为林间生灵提供丰富多样的食物，甚至为它们营造了一个截然不同的小气候。红松林也是各种大森林故事的发源地，棕熊、亚洲黑熊、马鹿、松鼠、紫貂等都在红松林出没。

红松林的生长和更新十分有意思。很多树都会在世代生活的土地上生根发芽，大树霸占天空，小树在大树的压制下缓慢生长，一旦大树"寿终正寝"，小树便迅速长大顶替祖先的位置。但是红松不一样，红松的孩子从来不会生长在母亲身边。在红松幼小的时候，它是比较喜阴的，这个时候就需要有大树为自己遮挡炙热的阳光。也许是大树母亲的身材过于高大、遮天蔽日，也许是红松根系分泌的次生代谢产物抑制了松子的萌发，也许只是祖先的寿命太长太长，等待它离世的时间过于漫长难熬，小红松们会借助一切办法开疆扩土迁移到红松林周边的阔叶林或者落叶松林中。这些小苗离红松母树如此之远，让人不禁怀疑是不是人工种植的。毕竟红松的种子颗粒硕大，又不能随风飘飞。

实际上，这些树苗确实是被"种"到这里的，但不是人种的，而是松鼠和星鸦的功劳。在这些红松小的时候，多是四五棵挤在一起生长，这也是星鸦典型的埋藏种子的方式。星鸦的健忘让松子有了萌芽的机会，它们就那么一股脑地一起萌发，一起抢夺阳光与养料。直到长到一握粗、四五米高时，才会有一棵红松在与兄弟的厮杀中脱颖而出，向着参天大树一路进发。

夏季，小红松躲在阔叶树斑驳的树影下，躲避炙热的阳光；秋冬季节，阔叶树叶片凋零，阳光得以直射地面，红松的针叶继续进行光合作用，慢慢积攒冲破天际的力量。大部分阔叶树只能长到20多米，但是红松却能长到

40 多米。与阔叶树那蓬松的树势相比，它们更愿意集中能量笔直地钻天破云接近太阳。默默积蓄几十年后，它穿越阔叶树林冠，猛然发力霸占天空。就这样，参天的红松成为主角。

（三）红松与臭冷杉生死相伴

红松林下是臭冷杉的天地。臭冷杉又叫臭松，树干挺直，木材轻巧，纹理细密，是造家具的好材料。与红松不同，臭冷杉胸径长到四五十厘米的时候就已经成熟老迈，而红松胸径 50 厘米的时候却还是长身体的"毛头小子"。

因为已经停伐多年，大多伐桩上已经被苔藓覆盖，绿绿的十分可爱。我们经常能够在伐桩上发现被松鼠剥食过的松塔和松子壳。在这样的地方嗑松子既舒服又安全，是松鼠最喜欢待的地方。

伐桩在细菌、真菌、跳虫、锹甲不分昼夜的分解下会慢慢疏松、粉化，变成一个疏松、肥沃的大墩子，这个时候臭冷杉便登场了。几乎每一个陈年的红松伐桩上面都会长出臭冷杉树苗。它能为臭冷杉提供最舒适的苗床，直至粉身碎骨。你甚至能够看到一些已经成材的臭冷杉在整个伐桩穿心而过。

如果没有伐桩，臭冷杉苗子会生长在自然倒伏的红松树干上。这些横卧在森林里包裹着厚厚苔藓的倒木也叫保姆木，托起一长串需要松软基质的小树。这也是有的地方会有臭冷杉笔直排成排生长的原因之一。它们的脚下土壤微微鼓起，那是一棵已经分解殆尽的红松，它在与"兄弟"的厮杀中活了下来，在森林里生长了几百年，死后站立了几十年，倒后又分解了几十年。

老红松用尽最后一点力气，养活了一棵棵臭冷杉。它们虽不是同根同源，却生死相伴。也许红松的世界还有更多的神秘之处，需要几代人慢慢地去探索，去品味。

"山海相约"
——大马哈鱼自然教育活动洄游之旅体验行

●●● 郭华兵 孙 赫 王 勇

一、活动简介

大马哈鱼是东北虎豹国家公园的特色物种,它们在虎豹公园里出生,幼时游入大海,在大海中成长发育至成熟,在繁殖季来临之前,重新返回虎豹公园,完成繁殖,同时完成了营养物质的陆海循环。

（赵红绘）
大马哈鱼手绘图

大马哈鱼在国内有3个洄游通道,分别是日本海沿黑龙江、绥芬河以及图们江,理论上它们都有机会洄游到虎豹公园的山间溪流。目前虎豹公园最主要的洄游通道是图们江洄游通道（珲春密江乡境内）,密江乡是大马哈鱼国家级水产种质资源保护区,被誉为大马哈鱼的故乡。每年都有针对大马哈鱼幼鱼的放流活动,这也是最重要的保护大马哈鱼的方式,每年洄游成功的大马哈鱼大概有几千尾。

本次活动，首先带领参与者室内观看相关大马哈鱼生活史及其对生态系统的作用的相关视频，之后室外参观大马哈种质资源保护区以及珲春河大马哈鱼洄游通道，最后在保护站周边做关于大马哈鱼的生存游戏。

二、活动目的

知识—认知目标：了解大马哈鱼特殊的生活习性及历史文化，并了解大马哈鱼洄游过程。了解在洄游过程中，大马哈鱼所遇到的艰难险阻（天敌捕猎、激流阻隔、人类活动建设影响、产卵后能量耗尽死亡后尸体反哺等）。

意识—感知目标：感受大马哈鱼用生命滋养东北虎豹国家公园一草一木。

态度—价值目标：了解成长的过程需要经历，生命的传承更需要使命，从大马哈鱼的洄游中获得感悟，重新思考自己的生命历程。

技能—方法目标：学习自然界氮元素的生成方式，了解氮、磷元素通过大马哈鱼洄游过程中在生物体内的流动过程以及陆海营养交换。学习大马哈鱼自然史的本质，从幼时溪流入海，海洋中营养物质丰富，满足了大马哈鱼整个成长阶段直至性成熟，沿着儿时的记忆返回出生地，类似落叶归根的壮美行动。它们把全身的营养通过各种方式反哺给东北虎豹国家公园的山山水水。

参与—行动目标：激发保护热情，使参与者有保护生态环境的想法和行动。

三、活动信息

适宜时间：夏季。
适宜对象：小学4年级以上学生。
适用科学：综合实践课程。
活动时长：2小时。
活动人数：20人。

活动场所： 大马哈鱼种质资源保护区、珲春河边沿岸。
活动形式： 自然观察、自然游戏。

四、活动资料清单

序号	名称	数量	用途
1	口哨、扩音器、安保设备	各1个	口哨和扩音器用于游戏过程中提起注意力和放大游戏主持人的声音，安保设备用于安保
2	大马哈鱼洄游过程中的动植物形象卡片，氮、磷文字纸板	各10个	在游戏过程中分发给参加游戏的人，增强游戏互动性
3	环保垃圾袋	若干	用于游戏后的垃圾收集

五、内容步骤

（一）引出活动

观看大马哈鱼洄游纪录片，通过观看纪录片，引起学生兴趣，以及对大马哈鱼洄游过程有切实的了解。结合影片讲述大马哈鱼的形态特征、生活习性、分布范围、大马哈鱼保护的工作内容，以及大马哈鱼的鱼文化。介绍大马哈鱼种质资源保护区和珲春河沿岸。

（二）活动展开

环节一　介绍游戏规则

活动流程

§ 引导语：

同学们，今天我们一起来做一个生存小游戏，模拟大马哈鱼洄游过程，看看由于各种因素，到最后可以有多少"鱼"成功洄游产卵。

与自然和谐共生
——基于大熊猫国家公园和东北虎豹国家公园中小学自然教育实践

任务

教师介绍游戏规则。

目的

帮助学生了解游戏规则。

步骤

介绍游戏规则：

（1）进行抽签分组。

（2）一共20人作为洄游的大马哈鱼。在规定的范围内活动，抽5名同学，作为洄游过程中大马哈鱼的天敌，以单腿跳的形式对扮演大马哈鱼的同学进行捕猎，时限5分钟；之后剩余的同学，进行50米短跑，模拟大马哈鱼逆流洄游的过程，其中前5名学生，视为洄游产卵成功。此时告知学生，在大马哈鱼产卵以后，母体死亡，幼鱼孵化成功后，会再次从淡水返回海中，一次又一次生命的循环，就是大马哈鱼洄游的全过程。

（3）游戏过程中注意营养元素的流动和循环（设置氮、磷元素小卡片，在洄游开始时每条"大马哈鱼"分别拿一个，不管在中间经历死亡还是最终繁殖成功，他们最终都会死亡，在死亡时将元素卡片丢弃到特定位置，这个位置在元素卡片丢弃到此地一定时间后，会自动被转运回大海）。

环节二 进行游戏（20分钟）

大马哈鱼对东北虎豹国家公园的营养循环的影响是否增加？它们从海洋里带回来的营养物质（主要就是氮元素和磷元素），献给了虎豹公园的鸟兽虫鱼昆虫和森林，献给了虎豹公园的溪流和山川所在的生态系统，而利用了大马哈鱼肉身和鱼卵的动植物最终死亡后还是会反哺到虎豹公园的生态系统中，之后一部分营养物质通过河流入海，同时新一代的大马哈鱼入海，大马哈鱼就完成了营养物质在陆地和大海之间的循环。这种营养物质的循环在人类出现之前还是很重要的。

因此，大马哈鱼也是旗舰物种，东北虎豹控制着森林生态系统中的动植物数量，而大马哈鱼在哺育着森林生态系统，并承载着海陆营养循环的重任。

提问环节：

（1）通过观看大马哈鱼纪录片，你对大马哈鱼有了怎样的了解？

（2）通过刚才的游戏，你对大马哈鱼洄游过程又有了哪些新的体会？

（3）你认为大马哈鱼能不能影响东北虎豹国家公园的营养循环？具体是怎么影响的？

（4）大马哈鱼怎么参与陆海的营养循环？

（5）你认为我们应该怎么做，才能更好地保护大马哈鱼？

（6）通过这次活动，你学习到了什么？

六、效果评估

（1）参与者学会动植物体内和海陆之间的营养流动和物质循环。

（2）虎豹公园中不止东北虎豹是主角，还有一些默默无闻的物种在整个生态系统中扮演着不可或缺的角色。

（3）洄游的生存技能和智慧。

（4）学会在逆境中不折不挠的精神。

七、安全提示

（1）工作人员提前对活动场地进行安全评估，了解环境中可能存在的所有风险，准备好对应的措施。

（2）出发之前进行注意事项学习，让孩子们自己也能够识别和判断风险。

（3）队伍前、中、后部分均有工作人员护航，预防蛇、虫等危险生物因素，保证自然教育活动的安全。

八、背景资料

大马哈鱼属鲑形目、鲑科、马哈鱼属，俗称大发哈鱼、达发哈鱼、果多鱼、齐目鱼、奇孟鱼等。大马哈鱼分布在太平洋的东、西两岸，我国以黑龙江，乌苏里江、松花江最多，图们江、密江、绥芬河、牡丹江有分布。成鱼体长一般为53~81厘米，体重为1~5千克，最大个体可达到10千克左右。我国主要分布有3种大马哈鱼：大马哈鱼、马苏大马哈鱼和驼背大马哈鱼。中国黑龙江省佳木斯市抚远市和同江市的黑龙江和乌苏里江畔盛产大马哈鱼，是"中国大马哈鱼之乡"。

（李嘉恒摄）
珲春密江北太平洋溯源性大麻哈鱼扩繁增殖放流产业融合发展示范园

（李嘉恒摄）
大马哈鱼生存环境

感谢珲春市密江大马哈鱼放流站郑伟主任在大马哈鱼分布的内容中给予的大力帮助。